인간은 자신이 필요로 하는 것을 찾아

세계를 여행하고

집에 돌아와 그것을 발견한다.

조지 무어

오늘은 이 바람만 느껴줘

길 위에서 마주한 찬란한 순간들

오늘은 이 바람만 느껴줘

글과 사진 **청춘유리**

상상출판

처음 꺼내는 이야기 (Feat. 첫 외국)

때는 2008년, 꽃만 봐도 웃음이 나던 낭랑 18세.

3일 이상 엄마 품을 떠나본 적 없는 어리광 많은 소녀였던 내가 처음으로 외국으로 떠났다. 처음 만져본 외화, 처음 만들어본 여권 그리고 내 작은 손에 들린 커다란 캐리어와 김치.

경상도 특유의 무뚝뚝함으로 "내 간다"라는 짧은 작별인사를 건네곤 발걸음을 뗐다. 엄마의 얼굴을 보면 참았던 눈물이 터질 것 같았기에 야속한 딸은 눈도 한 번 마주치지 않고 그렇게 뒤를 돌았다. 내가 울면 엄마는 나보다 열 배는 더 마음이 미어질 것을 철부지인 나도 알기는 했나 보다. 고작 한 달간의 일본 교환학생으로 발탁된 것인데 누가 보면 어디 아무도 없는 곳으로 오랜 시간 유배 가는 것처럼 보였을 법도 하다.

눈물이 흘렀다. 엄마와 언니 그리고 동생이 점점 내 곁에서 멀어져만 간다. 눈물을 닦아내고 또 닦아냈지만 흔한 이별 노래 가사에서 말하는 눈물샘이 고장 난 것처럼 자꾸만 눈물이 흘렀다. 그렇게 눈물과 콧물을 범벅한 채로 우리 아파트만 한 배 안으로 들어섰다.

무섭고 두려웠다. 혼자라는 사실이, 지금부터 모든 일을 혼자 해결해야 한다는 사실이 믿기지 않았다. 어린 여고생, 혼자, 처음, 왜소한, 여린…. 나를 표현하는 이런 단어들이 나를 더 나약해지게 만들었다.

잘할 수 있을까, 원유리.

두려움을 온몸에 가득 안고 다인실로 들어섰다. 그리고 보이는 자리 중 가장 구석탱이에 자리를 잡았다. 몇 분이나 흘렀을까. 누군가 내 등을 두드렸다. 그리고 이내 내게 전해진 인절미와 일본인 할머니의 미소. 편안한 그 미소를 보자 거짓말처럼 얼어 있던 내 마음이 조금씩 녹기 시작했다. 딱딱하게 굳어 있던 인절미는 내 마음이 녹듯 내 입속에서 함께 녹아갔고, 누군가 마법이라도 부린 듯 그토록 무섭게 느껴지던 이곳이 어느새 조금은 따뜻하게 느껴졌다.

그렇게 나는 이 배 안을, 이 새로운 공간을 조금 믿어보기로 한다.

이 공간을 믿는다는 것은 이 안에 있는 사람들을 믿는 것, 이 사람들이 살아가는 삶을 믿는 것, 그리고 나약한 내 자신을 조금 더 응원해보는 것.

자신감을 갖고 바다를 보러 나가기로 했다. 눈물을 세 번 닦고, 용기를 가졌다. 집채만 한 배 안의 긴 통로를 몇 개 지나 씩씩하게 배의 갑판으로 올랐다. 문을 당기는데 세찬 바람이 불어온다. 마치 바람이 나를 부르는 것만 같다. 더 넓고 광활한 세상으로 나를 데리고 가려는 듯했다.

바람의 머리 위로 올라, 문을 활짝 열었다.

아마 그때가 첫 비상이었을 테다. 진실로 새로운 것에 처음 도전을 했던 그때. 무서움을 잠시 무모함에 묻어버렸던 그때. 할 수 있다며 오로지 나만을 위한 응원을 했던 그때.

문이 열리고 차가운 바람이 새어 들어오는 그 순간, 나는 조금은 알 것 같았다. 이 바람의 머리 위에 서면 앞으로 더 매서운 바람과 싸워야 한다는 것을. 뭐든지 시작은 어렵고, 처음은 두렵고, 새로운 것은 익숙하지 않다는 것을.

하지만 저 반대편으로 지는 해가 속삭였다. 세찬 바람에도 여전히 뜨겁게 타오르는 내가 있으니 걱정 말라고, 내 등 뒤에서 언제나 너를 따뜻하게 안아주겠다고, 그러니 바람에 흔들리는 것을 두려워 말라고.

눈부신 일몰, 반짝이는 주홍빛 바다, 그리고 온전한 나 자신.

두려움을 떨치고 앞으로 걸어갔다. 그리곤 용기를 내어 불어오는 이 바람을 느껴보기로 했다.

18살, 아직은 엄마 품이 좋을 작은 소녀가 그렇게 큰 배 위에 서 있었다. 처음으로 온전히 바람을 안고 있었다. 아무것도 두려운 것이 없는 아이처럼, 오직 이 순간만 사는 사람처럼.

그때만 해도 몰랐다.
이것이 진짜 내 삶의 시작일 줄은.
그렇게 나는 반짝이는 내 길의 문턱을 지나고 있었다.

Contents

Contents

ເຮືອ | ຕະຫຼາດເຊົ້າ
HED1 MORNIN MARKET

R FIGUEIRA 25

DO NOT
BLOCK
INTERSECTION
Hollywood

AMSTEL
NATURAL BREW
Radler

Aquamarine
JEWELRY
Blloose
RESTAURANT
SKALA

SCHNITZER
HOARSCHNEIDER

18살, 어린 소녀의 꿈

○ 🎧조덕배_ 나의 옛날 이야기

일본으로 교환학생을 온 지 일주일이 지났다. 일주일 새, 나는 많이 변했다. 무섭고 두려웠던 걱정 속의 나는 떨쳐버리고 눈 비비며 등교를 하고, 친구들과 수다도 떨고, 쉬는 시간엔 배가 고파 점심 도시락을 다 먹어버리기도 하는 그런 평범한 고등학생으로.

딩~동~댕~동. 점심시간이 끝나는 종이 울린다. 오늘 4교시는 수영 시간이다. 지난주에는 비가 왔었기에 일본에 온 이후 처음으로 듣게 된 수영 수업. 한국에서는 볼 수 없는 과목이었으니 수영복을 챙겨오지도 못했을뿐더러, 더 중요한 것은 또래 친구들 앞에서 수영복을 입는다는 것이 너무 부끄러웠다. 머릿속으로 '어떡하지. 아프다고 할까? 아니면 물 공포증이 있다고 할까?' 하는 잔꾀를 수백 번도 더 굴리고 있을 때쯤 선생님의 달콤한 말이 들렸다.

"유리! 너는 이 시간 동안 혼자 교정을 구경해도 좋아. 날씨가 좋으니 교문 밖으로 나가면 멋진 풍경을 볼 수 있을 거야."

선생님께서 쭈뼛거리던 나를 배려해주신 것이다. 늘 홈스테이 가족들과 함께 걷곤 했기에 홀로 이 새로운 땅을 걷는 것은 처음이었다. 허나 수영복을 입는 것보다는 혼자 걷기를 백배로 잘할 수 있을 것 같아 난 활짝 웃으며 "네!" 하고 대답했다.

조금은 조심스럽게 교문을 나섰다.
아, 날씨가 좋다. 아직 여름이 채 오지 않은, 딱 초여름의 날씨.
야마구치현의 이 작고 어색한 마을에서 난, 비로소 혼자가 됐다.

더위에 모든 이들이 지쳐버렸는지 거리엔 사람 한 명 보이지 않았고, 눈앞에는 끝없이 펼쳐진 싱그러운 논밭만이 존재했다. 마치 아주 넓은 초록의 바다처럼 이 부드러운 풀들의 파도는 어린 내 마음을 일렁이게 했다. 이 순간, 조금 더 일렁이고 싶어서 부랴부랴 한국에서 가져온 5만 원짜리 MP3를 꺼내 재생버튼을 눌렀다. 그리곤 천천히 걷기 시작했다.

바람이 내 뺨을 스치고 햇빛이 온전히 나를 비춘다. 내 앞에 펼쳐진 저 그림 같은 계절을 보는데, 순간 심장이 뛰기 시작했다. 엔돌핀이 마구 솟았다. 혼자인데 외롭지 않았고, 외로운 바람은 나를 기분 좋게 간지럽혔다.

어? 이 느낌 뭐지?
왜 행복한지 모르겠는데, 너무 좋았다. 행복했다.

그래. 이것이 바로 행복이었다. 아마 그때가 처음으로 행복을 인정한 순간이었을 것이다. 어쩌면 나는 겁쟁이였다. 행복을 인정하려 들지 않고, 행복은 늘 내게 과분한 것이라 생각했던, 항상 좋은 일이 생겨도 이 행복을 인정하면 금세 불행이 닥칠까봐 다가온 행복을 두 팔 벌려 안아본 적이 한 번 없던 그런 겁쟁이.

하지만 지금, 그저 내게 주어진 것이라고는 혼자 걷는 이 시간과 농촌마을의 한 풍경뿐인데 여기에 노래와 바람이 얹어지니 마치 구름 위를 날고 있는 작은 종이비행기가 된 느낌이었다. 처음이었다, 이런 느낌. 낯선 땅, 낯선 바람, 그리고 낯선 향기를 아무 걱정 없이 안을 수 있는 내가 바로 이 길 위에 서 있었다. 처음으로 느껴본 두근거림과 벅참. 신기함과 아름다움이 동시에 온몸으로 퍼지는 짜릿함.

이 느낌이 어디서 오는 것인지 참 궁금했는데 한국으로 돌아오는 배에서 비로소 답을 찾을 수 있었다. 바로 '여행'이라는 단어의 깊은 의미로부터. 새로움, 설렘, 바람, 노랫소리, 고독함, 환희, 햇살, 노을…. 이 모든 것들이 좋은 에너지로 내게 스며드는 이유, 그것은 내가 여행을 하고 있기 때문이었다.

그래, 나는 가야겠다! 비록 지금은 어리지만, 20살이 되면 진~짜 많은 나라들을 여행할 거야. 그래서 이 짜릿함을 다 느껴볼 거야.

- 2008년, 어느 날의 일기 중

이땐 몰랐다. 내 앞에 펼쳐진 이 길에 늘 햇살이 비치는 봄만 있는 것이 아니라는 것을.

그리고 그 너머로 알았다.

겨울이 지나야 봄이 오는 것이고, 잠시 시린 이 겨울은 곧 다가올 봄을 더 따뜻하게 해주는 원동력이 된다는 것을.

아저씨! DSLR 주세요!

○ 🎧 존 레전드_ *All Of Me*

22살, 겁도 없이 용산 상가에 발을 내딛었다.

2주 동안 열심히 아르바이트를 해서 번 돈을 고이 손에 쥐고선

'그래도 이왕 여행 가겠다고 마음먹은 거,

좋은 카메라 하나는 들고 떠나야 하지 않겠어?' 하며

카메라 한 번 사보겠다고 이 머나면 서울까지 왔다.

(비밀인데, 실은 태어나 세 번째 서울이었다.)

아저씨들의 눈빛이 무서워

제일 인상이 좋은 아저씨네로 발길을 돌렸다.

주인 아저씨가 5대 이상의 카메라를 보여주시면서

이건 이렇고 저건 저렇다 설명하는데,

사실 아무것도 모르겠다.

"아저씨! 그 막 있잖아요! 엄청 사진 멋있게 나오는 거!

그런 카메라 주세요! 아, 제일 싼 걸로요!"

모은 돈은 고작 50만 원.
태어나 가장 큰 돈을 쓰는 순간이다.
아저씨는 기특하다며 5만 원을 깎아주시기까지 한다.

그리하여 처음 내 손에 쥐어진 45만 원짜리 중고 카메라.
홀로 삼청동과 인사동을 걸으며 마치 전문가인 양 셔터를 눌러댔다.
서투른 솜씨라지만 가장 순수한 마음가짐으로 말이다.

아마 그때부터였나 보다.
혼자 사진을 찍고, 길을 걷는,
바람을 맞고, 수줍은 꽃들의 인사에 답하는,
그런 행복한 고독을 즐기게 된 것이.

집으로 갈 때, 아저씨가 그러시더라.
좋은 카메라가 좋은 사진을 찍는 것이 아니라
좋은 사람이 좋은 사진을 찍는 것이라고.

그 말이 오래도록 내 곁에 머물렀으면 했다.
좋은 사람이 되어, 좋은 사진을 많이 찍고 싶어졌다.
영원히, 나의 행복한 방랑을 담고 싶어졌다.

공항이 좋아

○ 🎧 클린 밴딧_ *Rather Be (Ft. Jess Glynne)*

세수와 양치를 하고 딱딱한 의자에 누워 잠을 청하려 눈을 감았는데 자꾸만 어딘가에서 소리가 들려온다. 분명 아무 소리도 들리지 않는데, 자꾸만 고요한 소리가 들려온다. 손 뻗어도 닿을 일 없는 머리 위 높은 천장과 내가 누워 있는 이 딱딱한 의자, 그 사이에서 울리는 공기 간의 묘한 소리랄까.

그렇다. 나는 지금 공항이다. 떠나는 이들의 북적이던 발걸음이 사라지고 떠나기를 기다리는 이들의 설렌 숨소리만이 나의 귀를 간질이는 새벽 공항이다.

들려오는 소리에 살짝 눈을 뜨면, 이내 노란 빛이 눈을 가득 채운다. 범인은 바로 머리 45도 위에 있는 C번 카운터의 간판. 반짝이는 듯 반짝이지 않고, 밝은 듯 밝지 않은 저 샛노란 간판이 너무 좋다. 아마 내가 공항이라는 공간에 있다는 것을 상기시켜주기 때문이겠지. 이 말은 곧 내가 여행을 떠날 것을 의미하고, 밤새 잠 못 이루며 상

상만 하던 그곳에 곧 서 있게 될 것을 의미하니까. 아, 좋다. 잔뜩 달
아오른 내 심장소리가 공항을 가득 메우는 것마저.

눈을 감았다 뜨면 늘 노란 C번 간판이 보였으면 좋겠다. 언제나 설
렘 가득한 출발을 할 수 있는 아침일 수 있게. 언제나 기분 좋은 발
걸음을 뗄 수 있는 하루일 수 있게.

그렇게 잠을 청하려 누운 의자에서 밤을 새고 만다.

너에게

○ 🎧 히사이시 조_ *Summer*

아득한 나의 오랜 꿈이여.

나는 아직 너를 잊지 않았다.
내가 너를 잃도록 희미하게 만드는
세상 모든 이유가 1부터 99까지 존재하지만

나는 아직 너를 잊지 않았다.
내가 너를 잃지 않도록 뜨겁게 달궈주는
1의 이유가 내게 존재하기에.

언젠가 꼭 그곳에
언젠가 꼭 너에게
언젠가 꼭 달려갈 것이다.
천천히 그리고 빠르게.

아프다

○ 🎧 라쎄 린드_ *Fix Your Heart*

좋지 않은 환경 탓인지 채우지 못한 영양 탓인지, 튼튼하다 자부하던 내가 아프기 시작했다. 몇 주 전부터 귀가 멍하더니 달갑지 않은 통증이 찾아왔다. 집값을 제외하고 한 달을 고작 5만 원으로 처절하게 살아가던 내게 아일랜드에서의 병원비 결제란 말도 안 되는 상황이었다. 한참 긍정주의자로 살아가고 있던 난 금방 나을 테니 며칠만 고통을 즐겨보자며 나 자신을 다독였다.

그러나 결국 이기지 못했다. "언니. 매일이 크리스마스일 수는 없어요"라고 이야기하는 여행자 수현의 말을 빌리자면, 그래. 나의 매일도 크리스마스가 될 수는 없었다. 시간이 지날수록 뜬눈으로 밤을 지새우거나 혹은 방구석에 앉아 귀를 부여잡고 자는 날이 많아졌다. 이러다 큰일 나겠다 싶어 옷장 아주 깊숙이 숨겨 놓았던 100유로를 손에 꼭 쥐고는 처음으로 응급실로 향했다.

더블린 시티행 7번 버스 2층 맨 앞자리. 아, 죽도록 외롭다는 것이 이런 느낌일까. '나 이러다 정말 귀가 평생 들리지 않는 건 아닐까' 하며 한 번 내려갔다가, '울고 싶지만 울어서 나아질 거 하나 없잖아. 그래, 나는 강하니까 절대 울지 않아야지' 하며 또 한 번 올라갔다가. 그렇게 입꼬리가 올라갔다 내려갔다를 반복하며 그저 이 버스가 나를 안전하게 데려다주기만을 기다렸다.

처음으로 마주한 응급실에서는 밖에 내리는 빗소리만큼이나 복잡한 소리가 났다. 머리에서 피가 흐르는 사람도, 눈탱이가 밤탱이 된 사람도 있었으나 그 누구 하나 순서를 재촉하는 사람은 없었다. 모두가 잠자코 자신의 순서만을 기다릴 뿐이었다.

장장 4시간. 드디어 간호사로 보이는 여자 한 명이 내 이름을 불렀다. 안 들리던 귀가 들릴 정도의 반가움이었다. 여의사가 내 귓속을 살피곤 뭐라 뭐라 이야기했으나 들리지 않았다. 목소리뿐 아니라 사실 무슨 말을 하는지 이해조차 못했다. 모자란 영어 실력이 야속했다. 죄송하지만 다시 말해달라며 연신 질문을 거듭하니 의사는 답답한 듯 한숨을 쉬었다. 그녀에게 종이에 적어주면 안 되겠냐는 시늉을 하니 종이를 한 장 찢고는 긴장이 서린 그 하얀 종이 위로 'infection'이라는 짧은 단어를 남겼다. 아마 나는 어떤 야속한 바이러스에 감염됐나 보다.

두 달 생활비보다도 많은 100유로를 지불하면서 "저 괜찮아지겠죠? 이제 안 아프겠죠?" 거듭 물어보며 응급실을 빠져나왔다. 시티를 구

경할 새도 없이 집으로 돌아가는 버스를 탔다. 귀에 이상한 솜뭉치를 틀어막아 놓았기에 이어폰을 꽂을 수도 없었다.

내가 제일 좋아하는 시간. 던리어리로 향하는 7번 버스 2층 맨 앞자리에 타는 순간이다. 큰 창문 밖으로 보이는 풍경이 좋아 매번 맨 앞자리를 사수하곤 했으나 오늘은 그러지 못했다. 매번 아이처럼 바깥세상을 구경하던 내가 그저 창에 기대 눈을 감을 수밖에 없었다. 마치 불치병에 걸린 사람처럼 우울했다. 두려웠다. 걸러지지 않는 나쁜 생각들이 자꾸만 나를 약하게 만들었다. 지독히도 외롭고, 처절하게도 추웠다. 누군가 내 옆에서 기댈 수 있는 어깨를 빌려주기를, 안겨서 엉엉 울 수라도 있게 품을 내어주기를 간절히도 바랐다.

조금 걷고 싶어 그날은 집 앞에 내리지 않았다. 벌써 오늘도 다 가버렸구나. 차가운 빗방울들이 조금씩 더 굵어지기에 엉킨 풀 사이마치 나처럼 홀로 서 있는 벤치에 앉았다. 그리고 말없이 펼쳐진 바다를 바라보았다. 해 질 녘 금빛 물결이 너무나도 반짝이기에, 조금 울었다. 따뜻한 바람 소리가 듣고 싶어서 그래서 좀 더 울었다. 엄마에게 미안해서, 이까짓 돈에 슬퍼하는 내가 미워서 참았던 울음을 터트려버렸다.

비가 내렸고, 내 얼굴 위로 비와 눈물이 섞였기에, 그래서 오늘은 조금 울어도 괜찮을 것 같았다. 비가 그치고 해가 뜨는 것처럼, 이내 다시 웃을 날이 있을 것이라는 자그마한 희망을 품고서.

방황하는 청춘

나는 여전히 방황한다.
떠나기 전엔 두렵고, 도전하기 전엔 무섭다.

하지만 떠나보면 나는 내 생각보다 훨씬 강하고
도전하고 나면 나는 내 생각보다 훨씬 단단하다.

그러니 해보기도 전에 겁먹지 않아도 된다.
그러니 겁먹지 않고 해봐도 된다.

오페어의 하루

오페어의 하루는 아이들을 씻기고 굿나잇 키스를 해주며 끝난다.

태어난 지 6개월도 채 안 된 막내 이자벨이 내 품에서 잠들고 나면 첫째 아들 루원에게 동화책을 한 권 읽어준다. 똑같은 동화책이 지겨울 만도 할 텐데, 일을 하는 세 달 내내 그 아이는 이 이야기만을 들으며 잠에 들곤 했다. 루원은 꿈속에서 동화 속 주인공이 됐을지도 모른다. 그렇게 우주선이 예쁘게 그려진 이불을 이 작은 아이의 어깨까지 가지런히 덮어주고는 뽀뽀를 한 번, 그리곤 내 자리로 돌아간다.

아, 오늘 하루도 이렇게 끝이 났다. 시간은 어두운 10시. 아이들이 모두 잠에 들고 고요함만이 흐르는 이 큰 2층집 구석탱이 내 방 침대

오페어 Au pair : 외국인 가정에서 일정한 시간 동안 아이들을 돌봐주는 대가로 숙식과 일정량의 급여를 받고, 자유시간에는 어학공부를 하며 그 나라의 문화를 배울 수 있는 일종의 문화교류 프로그램.

에 앉은 나는 홀로 글을 쓰거나 노래를 듣거나 혹은 저가항공 홈페이지에 들어가보면서 진짜 내 일과의 마지막 일들을 했다. 힘들어도 조금 더 힘을 낼 수 있게 해주는 그런 일들. 그러다 하품을 서너 번도 더 하고 난 후에야 내 키만 한 침대에 기대어 그렇게 잠이 든다.

사실 처음부터 일을 할 생각은 없었다. 단언컨대 눈곱만큼도 없었다. 허나 소매치기를 당해 여행자금 800만 원 중 200만 원이 공중분해되면서 어떻게든 여행을 이어가기 위해서는 돈을 벌어야만 했기에, 그래서 일을 할 수밖에 없었다. 그러던 중 아일랜드의 비자로 합법적으로 일을 할 수 있다는 소리를 들었고, 이후 아일랜드로 와 일주일도 채 안 되어 100개 이상의 이력서를 보냈다.

영어도 썩 잘하지 않는, 그렇다고 전문적인 경험이 있는 것도 아닌 동양 여자아이가 할 수 있는 일은 정말이지 한정적이었다. 사실 아일랜드에서 나를 포함한 많은 젊은이들이 꿈꾸는 일 환경은 찾아보기 어렵다. 정말 운이 좋게 카페 바리스타나 음식점 서빙 일을 구한다면 참 좋겠지만, 더 이상 머무를 곳도 돈도 없었던 내가 선택할 수 있는 건 몇 가지 되지 않았다. 밤새 이력서를 보내고 또 보냈는데 고작 몇 군데에서 연락이 왔다. 그마저도 호텔 하우스 키핑이나 건물 청소, 그리고 아이들을 케어하는 오페어가 다였다. 그래도 청소보단 아기 보는 일이 좀 더 나을 것 같았기에 단번에 면접을 보고 짐을 바리바리 싸들고는 고요함만이 흐르는 더블린 북쪽의 한 동네로 이사를 갔다.

새하얀 집에 황토색 지붕. 집으로 가는 길에는 모두 잔디가 깔려 있다. 비가 와도 햇살이 비치는 향이 좋은 집이다.

역시나 처음은 어려웠다. 변변찮은 영어 실력으로 부모님들과 통화를 해야 하니 귀에 전화기가 붙을 정도로 집중해서 들어야 했고, 아기 기저귀 한 번 갈아본 적 없어 아기 똥을 손에 범벅하는 것이 하루의 필수 코스일 정도였다. 아침저녁으로 집 청소를 했고, 강아지 알레르기가 있음에도 강아지 털을 치우고 밥을 줬다. 한참 말하기 시작한 5살배기 루원의 투정을 받아주느라 눈물을 쏙 빼기도 했고, 이자벨을 업고 요리를 하다 그릇을 깨는 실수도 범했다.

아, 시간이 약이라 했던가. 이토록 부족함투성이었던 내가 시간이 흐를수록 조금씩 나아져 가는 것이 느껴졌다. 한국에 20년이 넘도록 살면서 부끄럽지만 한 번도 해보지 않았던 궂은일들을 하나씩 배워 나갔다. 분유의 온도를 맞추는 것, 주름진 와이셔츠를 다림질하는 것, 욕실 곰팡이를 제거하는 법, 강아지 알레르기에 맞서는 법, 루원 옷 안의 내복이 말려 올라가지 않도록 어릴 적 엄마가 내게 늘 해줬던 것처럼 양말에 내복을 넣어 바지를 입히는 방법도 써가면서 말이다. 나는 하나부터 열까지 우리 엄마가 해주던 것들을 22살이나 먹어서야 조금씩 터득하고 있었다.

시간이 흐른 이제야 생각해보면 처음엔 소매치기를 당하고 나서 왜 나한테만 이런 일이 일어나냐고, 왜 나만 이렇게 힘들어야 하냐고 참 많이도 화를 냈었다. 아무도 듣지도 보지도 않는 허공에다 대고 버럭버럭 소리를 지르고 닭똥 같은 눈물을 흘리기도 했다. 아직 엄마 품이 좋은 22살 어린아이였기 때문이겠지.

그러나 요즘은 생각이 많이 바뀌었다. 아이들이 내 밥을 맛있게 먹어주고, 엄마 품보다 내 품을 더 좋아하고, 조금 날리는 강아지 털에는 끄떡도 없는 나를 볼 때 말이다.

소매치기를 당하지 않았더라면 만날 수 없었을 사람들, 경험해보지 못했을 것들, 그리고 절대 발견할 수 없었을 내가 모르던 나의 또 다른 모습들.

이후 넘어지지 않았다면 일어설 수 없었을 일들에 대해 조금 더 다르게 생각하기로 했다. 내가 넘어지는 지금 이 순간이, 다시 날아오르기에 가장 최적의 순간이라는 것.

던리어리 비치우드, 우리 집

○ 🎧 서영은_ 비오는 거리

오페어 생활을 마치고 또다시 집을 구해야만 했다. 도대체 몇 번째 이사인가 싶었지만 내 집이 생긴다는 것이 한편으론 설레기도 했다.

'내 방이 생기면 예쁘게 꾸밀 거야. 소녀 방처럼! 화분도 하나 놓아야겠 다. 그 위론 내 사진을 걸어 놓을까? 더 이상 빵이랑 우유만 먹지 말고 건 강한 음식들도 직접 만들어 먹을 거야. 아침은 시리얼, 그리고 저녁은 샐 러드를 먹어야지. 아이 설레라.'

더블린의 외곽, 200 발자국만 가면 바다가 있는 곳. 던리어리 비치 우드에 위치한 우리 집이다. 새하얀 2층집에 예쁜 잔디가 있는 곳. 비록 비쌌지만 내 방은 아주 넓었다. 오래된 섬유유연제 향이 나는 방 안엔 신기하게도 부엌이 있었고, 부엌에서 문을 열면 예쁜 정원 이 나왔다. 그곳에선 집주인 할머니의 강아지 두 마리가 매일 뛰어 놀았다. 침대가 굉장히 컸는데 알고 보니 트윈 베드를 두 개 붙여 놓 은 것이었고, 오래된 벽난로는 고장 난 상태였지만 그 자체로도 꽤

나 낭만적이었다. 먼지 잔뜩 쌓인 텔레비전은 켜지지 않았고, 할머니의 웰컴쿠키 옆엔 개미 떼가 가득했으나 왠지 모르게 이 방이 좋았다.

특히 큰 창을 제일 아꼈는데, 커튼을 열면 마치 한 폭의 큰 그림이 걸려 있는 것 같은 느낌 때문이었다. 게다가 비 오는 날 문을 열어 두어도 비가 들이치지 않는다는 것과, 빨래를 널어놓으면 3시간 만에 바싹하게 마르는 것도 좋았다.

오늘같이 비가 오는 날이면 자꾸만 생각이 난다. 아무것도 할 것이 없었지만 더 아무것도 안 하고 싶었던 그런 날들. 값싼 아이스크림에 우유를 붓고 거기에 쿠키까지 부숴 넣어 먹고선 "아, 배부르다"를 연신 외치며 저녁은 무엇을 먹을지 고민했던 그날의 게으른 오후가. 열어둔 창문 틈새로 들려오는 익숙한 빗소리와 함께 세계지도 위를 날아다니던 그날의 낭만적인 하루가.

가끔은 지독히도 그립다. 비를 쫄딱 맞고 들어온 그날, 방문을 열자마자 풍겨오는 나무 내음 위로 나를 기다리던 내 외로운 모든 것들이.

그래, 인마!

○ 🎧 스팅_ Every Breath You Take

"그래, 나 잘 살고 있다!"라고 외칠 수 있는 여러 가지 이유 중 하나는 바로 꿈을 꾸며 살아가는 절 볼 때예요. 그 꿈을 이룰 수 있다는 희망을 저버리지 않는 제 자신을 볼 때는 더더욱요.

여전히 난 꿈을 꿔요.
이렇게 꿈 위를 거닐다 잠에 들죠.
언제나처럼 눈을 뜨면 아침이 오고,
또다시 묵묵히 오늘을 살아야겠지만
어젯밤 꿈에서 만난 그 바람의 선선함은 잊지 않을 거예요.
그리고 꼭, 꿈을 이루는 날 다시 그 바람에게 인사를 할 거예요.

오랫동안 기다려왔다고.
오랫동안 꿈꿔왔다고.
드디어, 너와 내가 만났다고 말이에요.

길 위의 인연

자그레브에서 홀로 길을 걷던 중에 한 남매를 만났다.

오랜만에 보는 한국인이 너무 반가워

나도 모르게 다가가 덜컥 인사를 해버렸다.

"안녕하세요! 저 한국 사람이에요! 한국인이시죠?"

느닷없이 한국인이라며 반가워하는 천방지축에도

활짝 웃으며 나를 반겨주던 그들은

1년 이상 카우치 서핑을 하며 여행하는 중이라 했다.

개구쟁이 같은 남동생과, 웃을 때 반달눈이 수줍은 누나의 여행.

왠지 모르게 난 그들이 좋았다.

그날 우리는 길 위에서 한참을 웃고 박수치고 또 여행 이야기를 했다.

분명 그날 처음 만났음에도 편했고 즐거웠다.

마치 오랜 동창을 만난 것처럼, 우리는 웃었고 행복해했다.

문득, 오늘 저녁 그들이 보고 싶어졌다.
오랜 친구가 그리웠는데 아스라이 그들이 생각났다.
가진 거라곤 몸뚱이밖에 없던 나를
위로해주고 토닥여주던 그 길 위의 인연들이.

여행이란 어쩌면 그런 것일까.

매일 똑같이 걸어 다니던 그 길 위에서
"어? 한국!" 한마디만으로 바로 친구가 되는,
그 뻔한 길 위에서, 뻔하지 않은 인연을 만들어나가는,
그런 사소하지만 소중한 일들의 집합체.

나 다음 생에는 있잖아

요정이 나온다는 이 숲. 드디어 찾았다.
플리트비체를 처음 마주한 내 입에서 이내 튀어나온 진심.

"다음 생에 태어나면 이곳의 물고기가 되어 태어나고 싶어."

나의 호수

○ 🎧 에드 시런_ *The A Team*

늦여름, 점심시간.
주인 없는 교실 안을 맴도는 공기는 고요하고,
창밖 운동장을 뛰노는 아이들의 웃음소리는 더욱 가까워져 온다.
시간이 흐르는 소리와 매미의 울음만이 내 귀를 간질이는 시간.
오후 12시다.

그래, 오후 12시.
좋아하는 나의 호수가 가장 반짝이는 시간.
이 순간 운동장의 아이들과 스톡홀름은 가까워진다.

한없이 조용하고 깨끗이 정돈된 그 거리,
제일 좋아하는 그 호수 위에 앉아
햇살에 비친 저 반짝임을 바라보고 있자니 코끝이 시려오는 게
자꾸만 울컥해져 혼이 났다.

아아, 이 햇살 따위가 뭐라고 나를 이렇게 일렁이게 하는지.
호수의 리듬에 따라 내 마음마저 반짝이는 것만 같다.

떠나지 않았다면 알았을까.
아주 보통의 날, 가만히 바닥에 앉아
햇살 아래 달리기하는 바람을 바라보며 웃는 일.
아무것도 아닌 자연의 움직임에
내 모든 설움을 내려놓을 수 있는 그런 용기를 내는 일.

"참 좋네요.
무채색이었던 내 일상에 조금 더 예쁜 색을 입히는,
오늘의 콧등에 좋은 향을 불어넣는 그런 일들이요.
마치 첫사랑의 설렘 같아요, 여행."

사진을 찍는다는 것은

○ 🎧 제임스 블런트_ *You're Beautiful*

여느 때처럼 게으른 오후. 호스텔 2층 침대에 누워 오래된 커튼으로 나만의 독립공간을 만들고는 외장하드에 담긴 사진들을 훑기 시작했다. 파리, 런던, 로마, 베니스….

'*이 날은 되게 더웠었는데. 이 날은 비가 진짜 많이 내렸지. 아, 이 때! 기차를 놓쳐서 완전 멘붕이었어.*'

나는 사진을 통해 오랜 기억을 더듬고 있는 중이었다. 그런데 사진을 보다 문득, 사진 속 내가 멈춰 있다는 사실을 알았다. 분명 이때의 난 신났고 저때의 난 너무 더워 짜증이 나 있었는데, 그저 똑같은 포즈와 똑같은 표정으로 건물 또는 자연 앞에 서 있는 것이 다였다. 여태껏 내가 찍어왔던 사진들은 단지 기록 같았다. 보란 듯이 멈춰 있는 사진, 그토록 꿈꾸던 세상 앞에서 생명의 역동성 없이 멈춰 있는 나. 마치 실습일지를 남기는 것처럼 내 사진들은 딱딱하고 의무적이었다.

아, 그때 난 사진 속에 그대로 멈춰 있는 나를 보며 사진을 찍는다는 것은 그저 카메라 셔터만 누르면 되는 것이 아니라는 걸 깨달았다.

그 순간을 남기고 싶어 한다는 것은 그때의 나를 남기고 싶다는 것이고 그날의 날씨, 온도, 바람, 나의 기분 그 모든 것을 잊고 싶지 않다는 것이리라.

나는 그 순간순간 내가 느낀 모든 감정들을 잃어버리고 싶지 않았던 것이다. 그날 이후 모든 사진을 조금 다르게 찍기 시작했다.

큰 창 위 가지런히 놓인 세 개의 화분, 유리창에 비친 바쁜 혹은 여유로운 사람들의 발, 지나가는 강아지가 내게 보내는 텔레파시, 비 내린 후 촉촉해진 거리의 새 아스팔트 냄새, 이른 새벽 물안개 가득한 도로 위의 아지랑이, 오후 햇빛에 반짝이는 호수의 손짓. 어딘가를 걷고, 달리고, 누워도 보고, 또 아이처럼 웃고 있는 그 시간 속의

나, 그리고 프레임에 보이지 않는 나의 세세한 감정까지 모두 다.

작고, 가까이에 있고, 또 소중하지 않아 보였지만 진짜 소중한 그 시간들을 담았다.

그러자 내 사진들이 숨을 쉬기 시작했다. 잘 찍지는 못해도, 내 순간의 감정이 촘촘히 쓰여 있는 그런 사진. 완벽하진 않아도, 많은 이들이 그 기차역의 온도와 뒤뜰 해 질 녘의 바람을 함께 느낄 수 있는 그런 사진 말이다.

보고 싶은 그 시간으로 돌아갈 수 있는 연결고리를 가지고 있다는 건 얼마나 복 받은 일일까. 그래서 요즘은 사진을 보며 그때의 기억을 꺼내 먹고는 한다. 이 사진을 보면서 스물네 살의 나로 돌아갔다가, 또 이 사진을 보고는 스물두 살의 나로 돌아갔다가. 그렇게 그때 그 시절의 수줍은 내 모습으로 돌아가곤 한다.

죽을 때까지 내 모습을 남기고 싶다.
꿈꾸던 그곳에 서 있는, 흩날리는 머리칼이 아름다운,
세상 가장 행복한 사람의 얼굴을 하고 있는
소녀 같은 내 모습을.

너는 나의 수호천사

오스트리아에서 가장 아름다운 마을이라는 타이틀을 가지고 있는 할슈타트. 버스에서 내리는 순간 비치는 햇살, 꽃이 만발한 창문을 가진 예쁜 집들, 예쁜 마을을 둘러싼 호수의 전경. 작은 여대생의 눈길을 사로잡기에 할슈타트의 모든 것은 완벽했다.

할슈타트를 구경하고 비엔나로 가는 기차를 타기 위해 배를 기다렸다. 그곳에서 만난 한국인에게 어제 체코에서 지갑을 잃어버렸는데 극적으로 찾았다고, 하마터면 오스트리아도 못 올 뻔했다고 안도의 한숨을 쉬면서 "역시 신은 저를 버리지 않았나 봐요!" 하며 수다를 마구 떨었다. 둘이 인증샷도 찍고, 메일주소도 교환하면서 즐거운 한때를 보내고 있었다. 그러는 사이 배가 도착했고, 배 값 2유로를 지불하기 위해 지갑을 찾았다.

'어? 설마.. 아닐 거야. 응, 아닐 거야. 신은 나를 버리지 않았다고! 나 착하게 살았는데? 제발. 설마, 제발. 하느님 부처님 예수님..'

아무리 신들을 불러봐도 그들은 대답이 없었다. 배 안에서 배가 출발하기만을 기다리는 승객들의 눈빛과 돈 없으면 가라는 표정의 승무원. 예쁜 마을을 담아 분홍색으로 가득 찼던 머릿속에 아주 진한 검은색 페인트가 쏟아진 것만 같았다.

그렇다. 또다시 지갑을 잃어버린 것이다. 소매치기라도 당할까 지갑 위에 옷가지를 두 겹이나 쌓아뒀는데, 옷은 있고 지갑만 쏙 없어졌다. 그럴 리가 없다며 할슈타트 마을을 정확히 두 번 돌았다. 영어가 잘 통하지 않는 할슈타트에서 길거리를 지나다니는 사람들과 상인들에게 "핑크! 핑크 월렛" 하며 보디랭귀지로 내 분홍색 지갑을 설명했지만, 알 수 없는 대답만 돌아올 뿐이었다.

눈물도 안 났다. 너무 당황스럽고 그 안에 있는 모든 현금이며 카드며 아일랜드 비자, 그리고 부모님이 써 주신 편지와 가족사진들이 몽땅 사라졌다 생각하니 정말 막막했다. 무엇보다 나를 괴롭히는 건, 똑똑하고 야무지다고 생각했던 내가 두 번이나 지갑을 잃어버렸다는 부정할 수 없는 사실이었다. 울지도, 웃지도, 혼자 소리 지를 수도 없이 길거리에서 방황하고 있는데 누군가 말을 걸어왔다.

"May I help you?"
"Yes.. please.. please help me. please.."

어? 영어다. 드디어 영어를 할 줄 아는 사람이 나타났다. 그녀에게 내 상황을 설명했다. 그러자 그녀는 나를 한 호텔로 데려가더니 경찰서가 주말이라 문을 닫았다고, 내일 자기랑 함께 가보자고, 그러니 오늘은 할슈타트에 있는 게 낫겠다고 했다.

"I'm sorry. I don't have money at all so I can not stay here also I already booked hostel in WIEN. so if I don't go there, I should pay no show fee.. blah blah.."
(미안해, 나 돈이 하나도 없어서 여기 머물 수가 없어. 그리고 나 비엔나에 예약도 해놨는데 안 가면 위약금도 물어야 해서..)

처음엔 호텔 호객꾼인가 싶어 조금 강력하게 제안을 거부했다. 그러자 그녀가 내 손을 잡고는 이야기했다.

"Don't worry, No problem. I absolutely understand your situation. so you don't need to pay for tonight, this is my friend's one. Just keep calm, don't worry."
(걱정 마, 문제없어. 나 네 상황을 너무나도 잘 알아. 여기 내 친구 호텔이니까 너는 그저 걱정 없이 자도 돼. 물론 무료로 말이야.)

아… 나 평소에 착하게 살길 잘했나봐. 그분은 호텔 호객꾼이 아닌 진짜 나를 도와주러 온 천사였던 것이다. 하지만 내일 오스트리아로 떠날 새 기차표를 끊을 돈도 아예 없었고 호스텔 위약금을 무는 것도 두려웠기에, 이런저런 내 상황을 설명하고 오늘 이곳을 떠나야만 한다고 이야기했다.

그러자 그녀가 종이를 꺼내며 내 지갑의 생김새와 이메일 주소를 적어 놓고 가라 말했다. 그녀의 말을 따라 종이에 내 정보를 적곤 연신 고맙다고 "Thank you. Thank you so much"만을 외치는데, 갑자기 그녀가 자신의 지갑을 열고는 가진 돈 전부를 내 손에 쥐여 주는 것이 아닌가. 꼬깃꼬깃한 5유로짜리 두 장, 그리고 센트와 1유로가 섞여 있는 동전들. 그리고 또 한 번 내 손을 꼭 잡고는 말했다.

"너 배 탈 돈 없잖아. 이거 얼마 안 되지만 조심히 비엔나로 넘어가. 그리고 꼭 저녁 사 먹어. 굶으면 안 돼. 알겠지? 배가 고프면 더 슬픈 법이야. 할슈타트가 너에게 좋지 못한 기억이 되어서 너무 미안해. 지갑은 꼭 돌아올 거야."

위트 있는 말투와 함께 보조개를 씨익 내보이며 날 한 번 안아주고는 눈물 흘릴 틈도 주지 않고 배에 나를 실어주는 그녀. 고맙다는 말도 제대로 하지 못한 채 배는 할슈타트 항구를 떠났다.

그제서야 눈물이 났다. 내가 너무 바보 같아서 한심스러워 흘리는 짜증의 눈물, 그리고 처음 만난 그녀가 내게 보여준 따뜻한 진심에 대한 눈물. 그녀의 품이 지갑을 잃어버린 분노와 짜증을 모두 잠식시킬 만큼 따뜻했기에, 아마 그녀에게 고맙고 또 미안해서 흘린 눈물이 더 많았을 것이다.

그리고 2016년.

이후 그녀와 꾸준히 연락을 했고, 그녀는 경찰서와 인포메이션 센터를 전전하며 매일 제 지갑의 행방을 찾아다녔어요. 그렇게 한 달 반 후, 제 품에 지갑이 돌아오게 됐습니다. 진짜로 그녀가 제 지갑을 찾아준 거예요. 물론 돈은 없었지만 비자와 카드는 그대로 들어 있었어요. 아버지가 주신 부적도 그대로요! 그녀에게 고맙다는 메일을 열 통은 보낸 것 같아요. 여전히 그녀와 메일을 가끔 주고받는데, 참 신기한 거 있죠. 그녀도 자신의 책을 내서 작가가 되었다고 하네요. 저도 얼른 제 책을 보내주고 싶어요. 이 자릴 빌어서 너는 나의 수호천사였다는 걸 다시 한 번 말해주면서요!

"I wanna say for my hallstatt's angel. Thank you so much sincerely."

SEESTRASSE
-113-

안녕, 오늘

LA의 오늘이 진다.
LA의 뜨거운 노을이 세상을 모두 안았다.
붉은 노을이 검고 푸른 대지를 꼭 안았다.

이 해는 어차피 내일 다시 떠오를 텐데
오늘의 할 일을 끝내고 집으로 돌아가는
저 해를 붙잡고만 싶다.

그러고는 묻고 싶다.
너는 무엇이기에 그토록 아름다우냐고.

내 월급이 얼마였더라

○ 🎧 스콧 메켄지_ *San Francisco*

동생이 아르바이트를 구한다는 소식에 문득 예전 일이 기억났다. 단지 금문교에서 스콧 메켄지Scott Mckenzie의 'San Francisco'를 듣고 싶다는 이유만으로 나는 쉴 틈 없이 아르바이트를 했었다.

그날도 여전히 우수한 직원, 아니 일개 우수 알바생으로서 수많은 고객들을 맞이하고 있는데 한 아주머니가 다가오더니 말하셨다.

"아가씨는 월급이 얼마야? 얼마나 일해야 이 시계 살 수 있어? 여기서 일하면 이런 거 사고 싶고 그렇지 않아? 어떡해, 우리 딸은 복 받은 거네."

악의는 아니었을 것이다. 자신의 딸과 또래인 나를, 처음 만난 알바생을 깎아내리기 위해 이 먼 걸음 하진 않으셨을 테니까.

하지만 아르바이트보단 부모님이 주시는 용돈이 더 좋을 아직은 어린 그 나이에, 나는 꽤나 큰 상처를 받았었다. 당시 거울 뒤편의 창고로 들어가 콧물 찔찔 흘리며 엄마 아빠에게 참 미안해했었는데. 10년 만에 태어난 귀한 딸 시계도 하나 못 사는 그런 불쌍한 사람으로 취급받아서 미안하다며 허공에 대고 얘기도 했었는데. 그리고 집으로 돌아와 일기에 아줌마는 왜 그렇게 나를 무시하냐며 한참 긴 글을 적곤 했었는데. 참, 그런 시절도 있었다. 그래도 하나 후회하지 않는 건, 그날 아주머니께 던진 내 말 한마디 때문이었다.

"괜찮아요, 제가 하고 싶은 거 하려고 돈 버는 거거든요."

3년이 지난 지금 나는,
적어도 아주머니 딸보단 하고 싶은 거 하면서
잘 살고 있지 않을까.

내 스스로에게 심심한 위로를 전해본다.

나의, 나에 의한, 나를 위한

나의 삶

나에 의한 삶

나를 위한 삶

누군가 내게 왜 이런 길을 택했냐고 물어본다면

당당하게 말할 것이다.

죽기 전에 내가 걸어온 길에 후회가 없기를.

죽기 전에 내 삶은 행복했다 자부할 수 있기를.

죽기 전에 누군가 내게 참 좋은 사람이었다 말할 수 있기를.

화려하지 않아도

스스로에게 근사한 삶이었다고

웃으며 떠날 수 있기를 바라는 것뿐이라고.

SUVENIRI Stork SVIJEĆE
PROUD TO BE CROAT
Art Salon
Herond
GALLANI
TEPISI

영원한 방랑자들, 우리는 여행자

○ 🎧 짐 클래스 히어로즈_ *Stereo Hearts*

런던의 한 작은 역 근처에 아담한 펍이 하나 있다. 펍의 쪽문으로 나와 고개를 돌리면 3층 계단이 하나 보이는데, 몇 개 되진 않지만 조금 가파른 그 계단을 올라 녹이 슨 파란색 철문을 열면 그곳에 비밀 아지트가 숨어 있다.

바로 여행자들을 위한 숙소다.

네 개의 도미토리, 화장실 두 개와 욕실 두 개. 모두 붉은색으로 되어 있는, 별다른 이유는 없지만 왠지 모르게 따뜻한 느낌이 드는 곳이다. 런던스럽지 않은 높은 방문을 열고 들어가면 3평도 채 안 되는 방 안에 3층짜리 침대가 3개 놓여 있는데 그 모습이 꼭 닭장 같다. 가운데 자리만은 피하고 싶었으나 역시나 내 자리는 가운데다. 자려고 누우면 닭장 속에 갇힌 한 마리의 슬픈 닭처럼 느껴지는 그런 자리. 하지만 이 불편한 가운데 자리도 아늑한 내 방처럼 느껴졌던 이유는 바로 사람에 있었다.

해가 지고 나면 우리는 하나둘씩 모이기 시작했다. 미국부터 시작해 독일, 콜롬비아, 타이완, 영국, 일본, 뉴질랜드, 호주 그리고 한국까지. 이 작은 방 안에 9개국의 사람들이 옹기종기 모여 앉았다. 그저 행복한 표정들을 하고선. 누가 봐도 아무런 걱정 없는 사람처럼 행복한 표정을 하고선. 아참! 손에는 좋아하는 맥주를 꼭 쥐고서 말이다.

누구랄 것 없이 떠도는 삶을 살아가는 우리는, 바로 여행자다.

우리에게는 학교가 어디인지, 나이는 몇 살인지, 직장이 어디인지 따위는 중요치 않았다. 그 누구 하나 내일 무엇을 할지 뚜렷한 계획이 없다지만 우리는 모두 '행복한 삶', '나를 위한 삶'을 추구했다.

우리는 모두 행복하기 위해 이 자리에 모인 사람들이었다. 행복하기 위해서라지만 런던에서 가장 저렴한 호스텔에 모여 앉아 배낭

놓을 자리도 마땅치 않은 이 좁은 방에 서로의 발을 맞대고 있는 우리가 웃기기도 했다.

우리는 밤이 되면 모두 꿈을 이야기했다. 콜롬비아에서 온 페이지는 눈이 보이지 않는 아이들에게 새로운 세계를 보여주는 것이 꿈이라 했고, 타이완에서 온 이브스는 세상 사람들이 동성애를 틀렸다고 하지 않았으면 하는 것이 꿈이라고 말했다. 뉴질랜드에서 온 이름 모를, 수염이 참 매력적이었던 그 아이는 내일 무슨 일이 일어날지도 모르는데 지금 이 순간을 그냥 즐기는 게 꿈이라고 맥주를 들며 외치기도 했다.

그래. 이것은 우리가 가장 저렴한 호스텔에 있어서일 수도 있겠다, 어쩌면. 돈이 풍족하지 않아서 이 자리에 왔지만 돈보다 더 뜨거운 무언가의 열정을 가지고 있는 사람들을 만났으니 나는, 그리고 우리는 진실로 풍족한 사람이 된 것이었다.

우리는 그렇게 서로의 꿈을 이야기하고, 오늘의 작은 행복을 공유하고, 내일 먹을 아침에 대해 이야기를 나누다 침대 옆 작은 공간에 모두 발과 머리를 맞대고 잠에 들곤 했다. 여태껏 살아오면서 그보다 가까운 밤은 없었을 것이다.

아무렴, 그렇다. 한 발짝 내어보지 않았다면 알 수 없었을 것들이다. 런던이 무자비로 비싸다 해서 내 한 몸 잘 곳도 없을 줄 알고 떠나오지 않았으면 만나지 못했을 인연들이다. 그렇게 오늘도 물안개에 묻혀 노질하지 않았다면 볼 수 없었을, 물안개 너머 도사리는 아름다운 설산과 마주하게 된 것이다. 이것이 바로 내가 여행을 사랑하는 이유.

우리의 오늘은 시간이 흐르면 아스라이 모두의 기억 속에 묻히겠지만, 하나만은 잊지 말자고 약속했다. 우리 언젠가 영원한 방랑을 하며 꿈을 이뤄낼 그날을 위해서 가끔은 오늘 밤을 꺼내보자고. 모두가 자신이 추구하는 인생의 가치들을 이야기하며 서로의 마음을 공유하고 웃음과 열정을 소통했던 오늘을, 우리 한 번씩은 꺼내보자고. 우리가 가는 길 평탄치만은 않겠지만 우리 어디 한 번 멋들어지게 걸어 나가보자고. 그리고 Cheers!

그날 호스텔엔 따뜻한 물이 나오지 않았지만, 뜨거운 인생을 살고 있는 우리의 열정은 차가운 물을 데우기에 충분했다.

런던 한가운데에 위치한 그 비밀스러운 호스텔은 내 마음속 영원한 아지트로 남아 있을 것이다. 보고 싶다, 나의 인연들.

다시 만나

늘 비만 내리던 런던이 그날은 어찌 그리도 푸르렀을까요.
분명 나는 딱딱한 아스팔트 위를 걷고 있는데
마치 구름 위를 사뿐사뿐 밟는 느낌인 거 있죠.
아아, 그 여름날의 수줍던 웃음이 너무나 그리운 오후예요.

언젠가 다시 만날 수 있겠죠.

저 푸른 바람을, 저 바람보다 더 푸르렀던 내 청춘을요.

너의 에펠탑이 되고 싶어

○ 🎧 카를라 브루니_ *You Belong To Me*

에펠탑 앞의 사람들은 행복하다.
마치 이 순간이 끝인 것처럼, 한 잔의 에스프레소처럼 진하게,
그렇게 서로를 마주한다.

아마도 그들은 수많은 생각을 하겠지.
샹드막스 공원 한가운데
오래도록 서로에게 기대어 앉아 있던 내 앞 커플은
이런 이야기를 나눴을 테다.

"환상적이야. 너와 있는 지금 이 시간."

혼자 에펠탑을 바라보는 외로운 나란 꼬마는
커플 뒤에 앉아 홀로 로맨스 소설의 각본을 써보곤 한다.
외롭긴 진짜 더럽게 외롭네.

말없는 바람이 외로운 한겨울 파리.
이곳에선 잠시 모든 걸 내려놓게 된다.

다들 웃고 있잖아.
이 많은 사람들 모두가, 잠시 이 세상 아무런 걱정도 없는 것처럼.
같은 시간, 같은 장소에서 우리 똑같은 무언가를 바라보며
싱그러운 숨을 내쉬는 지금.

아마도 그것이 내가 이 처절한 낭만을 사랑하는 이유일 터.
설렌 내 마음속을 가득 채운 이 도시의 코 시린 분위기는
끝내 나를 달콤한 밤으로 빠져들게 만든다.

눈부시게 아름다운 저 에펠탑의 반짝임과 함께.
형용할 수 없는 저 반복적인 눈부심에 그저 녹아든 채.
그냥 이렇다 할 이유 없이 단지 작은 바람에도 행복을 느끼는,
그런 낭만적인 밤이다.

사람들은 프랑스 파리를 생각하며 설레어 하고,
언젠간 꼭 에펠탑 야경을 보고 싶어 하고,
죽기 전에 꼭 사랑하는 사람과 그곳에 가기를 소망한다.

에펠탑은 누군가의 꿈이자 삶의 이유. 마치 내가 그랬던 것처럼.
나 또한 누군가의 에펠탑이 될 수 있을까.

가슴이 뛰는 일

무언가를 결정할 때 고민이 된다면 한 가지만 생각해보세요.

과연, 내가 이 일을 생각할 때 가슴이 두근거리는가?

이 물음에 대한 대답이 'Yes'라면 하는 겁니다.
무조건, 늦기 전에 한 번은 꼭이요.

자신을 가슴 설레게 하는 그 소중한 일을
멀리서 바라보고만 있기엔 아깝잖아요.
거짓 없이 순수하게 떨리고 있는 내 진심을요.

과연, 무엇이,
당신의 가슴을 뛰게 하나요?

더블린은 내게 그런 곳

○ 🎧라쎄 린드_ *We*

"누나. 더블린 좋아요?"

3개월간 유럽일주를 하겠다며 세상에 갓 발을 내민 우섭이었다. 그래서 난 솔직하게 "비가 억수로 내리고, 억수로 심심하고, 뭐 그래서 억수로 좋은 곳"이라 답했다.

정말 그런 곳이었다. 적어도 내 기억 속 더블린은 비가 아주 많이 내렸고, 바람도 아주 많이 불었다. 밖에 나가기만 하면 머리는 헝클어지기 일쑤, 집으로 돌아올 땐 머리카락에 빗방울이 묻어 있는 날이 대부분이었다. 겨울에는 오후 4시만 되어도 도시가 어두워졌고, 술을 그렇게 좋아하는 나라이지만 밤 10시가 지나면 마트에선 술도 팔지 않는, 그렇다고 밤이 오면 "그래, 여기야!"라고 할 만한 랜드마크나 멋진 야경도 딱히 없는, 그런 심심한 곳이기도 했다.

허나, 참 묘했다. 가장 번화해야 할 도시의 오후 8시는 이미 잠들어버렸지만 하나둘씩 켜져 있는 저 집들의 전구, 그 창문 사이로 새어

Quinn
Agnew
662 311
www.quinnagn
FOR SAL
UNIT 4
INVESTMENT OPPOR
(Tenants not Affect
TO L
Office
c. 19 s
Quinn
Agnew
662 3113
FOR SAL
UNIT 5
INVESTMENT OPPORT
HOTEL
Queen
of
Tarts...
TOSCANA
Italian Restaurant & Pizzeria
Queen of Tarts
TOSCANA
2012
"WORTH EVERY PENNE

나오는 불빛들이 저마다의 행복으로 잠든 도시를 환하게 만들어주기에 충분했으니 말이다.

이른 오후, 템플 바에 앉아 복작한 사람들의 움직임 속에서 눈을 감아보면 그제야 진짜 아일랜드의 소리를 알 수 있다. 비가 엄청 내리기 때문에 비의 속삭임에 따라 괜히 우울해져도 괜찮고, 슬픈 영화를 보고 먹먹한 가슴으로 길을 걸어도 좋은 곳이다. 하늘 위엔 회색 비가 내리고 거리엔 비를 즐기는 악사들이 가득해 마치 음표들이 하늘을 날아다니듯 비의 리듬에 춤을 춰도 좋을 그런 길 위의 작은 연주회장 같은 곳이다. 아무것도 기억에 남지 않을 만큼 볼 것이 없지만, 비가 오는 날이면 제일 먼저 보고 싶어지는 그런 곳이다.

꼭 다시 더블린에 가야겠다. 킬라이니 힐 위 혼자 마주했던 비바람의 환영이, 붉은색의 템플 바에 모여 우리 다 함께 하늘 위로 기네스를 마주했던 순간이, 부는 바람에도 웃음이 났던 작고 작은 순간들이 다시 보고 싶으니 말이다.

아무것도 없었던 그곳에서 난 너무나 빛났던 것 같아. 비가 오면 오는 대로 해가 뜨면 뜨는 대로 순간의 즐거움들을 찾으며 살아갔던 내가. 마지막 던리어리행 7번 버스를 타고 2층 맨 앞자리에 앉아 라쎄 린드가 불러주는 'We'에 빠졌던 그 순간이. 이제야 알았어. 비 오는 도로 위 외로움이 알려주는 나의 의미에 대해서.

가장 비싼 시간

○ 🎧 션 멘데스_ *Stitches*

여행을 하면 꼭 빠질 수 없는 것이 바로 장시간 버스를 타고 이동하는 일이다. 적게는 3시간부터 많게는 40시간까지. 우리는 편함보다 조금의 불편함을, 침대에 누워 좋은 꿈을 꾸는 것보다 조금은 악몽 같을지도 모를 꿈 같은 그 밤을 만나기로 한다.

가만히 실려만 가는 것인데도 왠지 모르게 생산적인 일을 도모하지 않는 것만 같아 조금이나마 이 바퀴가 빨리 돌아가기를 바라고는 한다. 사람이 꽉 찬 버스 안, 100분이 지나고 나면 내 불쌍한 꼬리뼈와 무릎은 쑤시기 시작하고, 순환되지 않는 탁한 공기와 여러 '향'들의 조합에 버스 안은 이내 답답함으로 가득 차버린다.

멀미의 고문에 아픈 꼬리뼈까지. 다음번엔 꼭 돈을 많이 벌어서 버스 말고 비행기 타고 가야지 생각하다가도, 그래도 이만한 분위기를 가진 것은 역시 버스밖에 없다며 이내 다시 자세를 고쳐 앉곤 이 밤을 즐기기로 마음먹는다.

심심함을 넘어 외로움이 내 몸 구석구석 퍼져 나가기 시작하면 이런 저런 다양한 감정의 힘이 조금씩 커진다. 평소에는 들리지 않던 소리라든지, 미처 알지 못했던 나의 생각 같은 것들이 마음속에 둥둥 떠다니기 시작한다. 그리곤 마음을 흔드는 이 황량한 감정들이 본격적으로 내 자아의 문을 두드리기 시작한다.

자아의 문이 열리면 나는 비로소 나와의 진짜 대화를 하게 되는데, 우습게도 이야기 주제는 넘치고 넘쳐 샛길로 빠지기 십상이다. 미래를 이야기하다가, 연애 이야기를 하다가, 또 오늘 저녁 메뉴를 생각하기도 한다. 하지만 이때 나눈 이야기들은 정말 거짓 없는, 꾸밈 없는, 내 자신에게 너무나도 솔직한 이야기들이다. 내가 어떤 일 또는 행위를 할 때 비로소 나다운지, 행복을 찾는지, 웃음을 짓는지. 아무리 전공서적을 보며 배우려고 노력해도 알 수 없는 그런 것들.

오후 6시 40분. 덜컹거리는 버스에 내 마음도 함께 울렁이고, 차가운 창밖으로 펼쳐진 온 대지에는 옅은 어둠이 깔리기 시작한다. 그렇게 나는 창문 위로 하나둘 내 감정을 모두 나열해본다.

그냥 그게 좋다.
아무것도 하지 않지만 제일 많은 걸 하는 시간.
진짜 나를 알 수 있는 시간.
이 낯선 고요함이 좋다.

가끔은 그래도 돼

괜찮아. 자고 나면 괜찮아질 거야.
나를 흔드는 바람은 천천히 잦아들고
이 바람 따라 모든 것은 제자리로 돌아갈 거야.

가끔 그런 날이 있다.
왜 이러지. 어쩌면 이러지. 어떻게 이러지.
세상은 공허하고 그 가운데 심장 없는 내가 홀로 서 있는 느낌.

좋아하는 노래를 틀어도 괜찮아지지 않을 것만 같아
쉽사리 재생 버튼을 누르지 못하고
불을 끄면 나도 꺼져버릴 것만 같아 이른 새벽 옅은 불을 켜 놓은 채
잠을 청하는 여섯 살 어린아이 같은 나를 볼 때.

한겨울 눈보라에도 부러지지 않을

두꺼운 나뭇가지가 다 되었다고 생각했던 나는
살짝만 흔들어도 날아가 버리는 민들레 꽃씨처럼
여린 존재였다는 것을 깨닫고 만다.

그냥, 이렇다 할 이유 없이
밤의 눈물을 견디지 못하고 휩쓸려버리는
그런 날이 있다.

그래도
내 곁엔 나를 사랑해주는 사람들이 있고
당장 전화해 목소리를 듣고 싶은 친구들이 있으며
내일 아침 벚꽃이 개화한다는 뉴스 소리에 여전히 심장이 뛰니
내 삶이 마냥 퍽퍽하지만은 않은가 보다.

맞아. 민들레 꽃씨도 바람에 흔들려 널리 흩어져야
비로소 꽃을 피우는 법이니까.

나도 흔들림의 미학을 따라 리듬을 타고 이리저리 날아다니는
그런 꽃씨 같은 아름다운 방랑을 하겠다고
좁아진 내 마음에 넉넉한 밤의 위로를 건네본다.

가끔은 나답지 않은 날도
결국은, 참 나다운 것이었다.

나만의 화가

그런 날이 있었어요.

제 꿈이, 제 미래가 완벽한 그림이 아닐까봐서요.

미완성이거나, 잘못 섞인 색이 쓰였거나,

혹은 모두에게 인기가 없는 매력 없는 그림일까봐

오지 않은 미래를 두려워하던 그런 날이 있었어요.

하지만 조금씩 어른이 되어 가면서

그림이란 건 그저 제가 보기 나름이라는 것을 알게 됐어요.

아무리 유명하고 성공한 작가의 그림이라고 할지언정

제 마음에 안 들면 구입하지 않을 거라는 사실을 말이죠.

그래요. 결국은 내 자신이었어요.

내 자신이 좋아할 그림을 살 거였어요.

저는 제 인생이 한 장의 도화지라면

제가 좋아하는 색으로 그려나가고 싶어요.

완벽한 그림이 아니더라도

좋아하는 색으로 채워진 한 장의 그림이라면

얼마나 예쁠까요, 적어도 제겐 말이에요.

그러니까 괜찮아요.

잘 그려나가고 있는 거예요.

가끔 색이 번지기는 해도 번진 그 자체가 더 아름다운,

성숙함이 묻은 작품이 되어 가고 있는 거예요.

그러니까, 우리는 잘하고 있는 거예요.

예쁜 냄새

이따금씩 괴로운 향기가 있다.
평범하기 짝이 없는 어느 날 오후에
느닷없이 찾아온 겨울 냄새와도 같은 것들.

문득 그날, 그곳, 그 시간을 기억하게 만드는 그 시절의 향기가
왜 아무런 연도 없는, 하물며 몇 년도 지난 이곳에서 풍겨오는지.
흘러간 옛 냄새가 그리워 나는 맥주 한 잔을 꺼내들 수밖에 없다.

늦저녁, 터키 안탈리아에서 처음 맛본 물 담배 향.
소낙비가 그친 뒤 피어오르는 아일랜드 더블린 시내의 젖은 풀잎 냄새.
이른 새벽, 일본 하카타 역내에 진동하는 크루아상 냄새.
옛 나의 시간 속 잠시 품에 머물러 갔던 그 냄새들.

차라리 코를 막아야 할까.
그립다. 그 공기 속에 서 있었던 나의 몸뚱이마저.

3월에 살고 있는 8월을 기대하는 사람

여행을 떠나고, 또 떠나오고, 또다시 떠나는 과정을 반복하며
하늘을 보는 일이 많아졌다.

오늘 문득, 집으로 걸어오는 길에 하늘을 올려다보는데
마치 자신이 별인 양 반짝이는 비행기 한 대와 마주쳤다.

저기에는 어떤 사람들이 타고 있을까.
어떤 삶이 흘러가고 있을까.
저기에도 나처럼 설렌 이들이 존재할까.
그들은 어디로 흘러가는 걸까.

아, 8월이면 나도 다시 저 하늘을 날고 있겠지.
그렇겠지. 꼭 그럴 거야.

오늘 하루도 지나간다.

내 생에 단 한 번뿐인 나의 2015년 3월 29일도 지나간다.

난 그렇게 오늘도 떠날 8월을 꿈꾼다.

다시 하늘을 날고 있을 그날을 꿈꾼다.

그렇기에 나의 3월은 힘차다.

다가올 내일에, 지금을 더욱 힘내어 사는 일.

기대를 안고 떠날 그날을 위해

오늘 밤 조금 더 기쁘게 잠드는 일.

나는 이것을 바로 '꿈의 힘'이라 이름할 테다.

바람 하나에도

○ 🎧 버디_ *Skinny Love*

한 번씩 숨이 턱 하고 막혀요.
거짓말 같은 풍경 앞에
나는 머리칼을 흩날리고 있어요.
뜨끈한 바람을 맞으며, 이 더위를 즐기고 있어요.

맞아요.
나도 이런 감정을 느낄 수 있는 사람이었어요.
잠시 일상에 묻혀 옅어졌던 것뿐이에요.

맞아요.
나는, 우리는 바람 하나에도 심장이 뛰는 사람들이었어요.
그러니 감정이 식었다고 이야기하지 말아요.
수만 개의 머리카락 중 하나라도 이 바람에 흔들린다면
나는 또다시 심장이 뛰기 시작할 거예요.

사과 한 입에도 행복이 있었다

아, 이거 마치 애니메이션 같아.
아침 연기가 모락모락 피어나고 사람들이 바삐 움직여.
대문 앞에서 빨래를 하고, 모두가 웃으며 학교를 가.
뛰어노는 강아지, 물안개가 끼어 있는 호수, 축구하는 아이들,
긴 담배를 피며 차이를 마시는 할아버지들.

작은 것에 감사하고 작은 것에 웃으며
하루의 전부를 살아가는 사람들.
마치 내가 알려지지 않은 애니메이션 속 주인공이 된 것만 같았어.

잘생긴 청년이 파는 과일 수레에서 사과를 하나 집었거든?
그리고 한 입 베어 물며 깨달았어.

내가 얼마나 행복한 사람일까 배우러 온 이곳에서
나는 얼마나 행복을 몰랐던 사람이었나, 하고.

N
Durbar Square Bhakta
KUMARI
GOLDEN
GATE
GUE

용기의 무게

○ 🎧 더 스크립트_ *We Cry*

떠나는 이들의 용기가 대단하다 했던가.
가끔 떠나온 여행지에서 그런 생각이 들었다.

떠나고 싶음을 가슴에 품고
묵묵히 자신의 하루에 최선을 다하며 살아가는 사람들.
자신의 책임감을 지켜내는 사람들.
어쩌면 우리의 아버지와도 같은 사람들.
그런 사람들의 용기는 왜 용기라고 불리어지지 않는 것인지.
묘한 슬픔이 몰려왔다.

우리들의 '작은' 세상에는 꽤나 많은 '큰' 사람들이 존재하고 있다.
자신에게 소중한 가치를 잘 아는 사람들,
그것이 무엇이든 자신에게 소중한 것을 지켜내고
이뤄내려고 하는 사람들이야말로
가장 큰 용기를 지닌 사람들인 것이다.

WESTMINSTER STATION
UNDERGROUND

나 이렇게 살아가야지

○ 🎧 엔리케 이글레시아스_ *Bailando*

이런 삶을 살아가고 싶다.

아침엔 남편 품에서 일어나 퉁퉁 부은 얼굴에도 볼 뽀뽀를 하고

해가 좋은 점심시간엔 엄마에게 전화해

역시 엄마 요리가 최고라고 수다를 떨기도 하고

사랑하는 가족과 하루의 소소한 행복들을 이야기하며

매일 오후 7시를 보내는

그런 삶을 살아가고 싶다.

그저 내 인생의 행복을 응원하고

다른 삶과의 어리석은 비교를 하지 않으면서

최고보단 최선을, 미래보단 현재를, 과욕보단 만족을 추구하면서.

큰 파도를 만나도 언젠가 돌아올 고요한 대해를 찾아

그렇게 씩씩하게 앞으로 나아갈 수 있는 삶을 살고 싶다.

몬테네그로 울치니의 한 도로.
비수기라 차 한 대 지나가지 않는 조용한 그 도로 한복판.
아주 예쁜 언니가 담배를 입에 물고 서빙을 하는
한 오래된 카페에서 나는, 세상 제일 신나는 라틴 음악을 들으며
평소에 잘 먹지도 못하는 아주 쓴 에스프레소 한 잔을 시켰다.

가장 싫어하는 매연으로 가득 찬 이곳.
이 답답한 공간 속 피어나는 나의 거짓 없는 순수한 다짐.

참으로 묘한 행복.

전시회장을 찾아줘요

한때 사랑했던 사람이 있었다는 것은 참 행복한 일이다.
그때 사랑했던 순간을 잊지 않는다는 것 또한.

함께 숨 쉬고, 함께 웃고, 함께 눈을 감았던 그 시간 속의 조각들이
모두 예쁘게 미화되어 마음속에 고이 자릴 잡고
마치 한 폭의 그림처럼 전시가 된다.

전시된 그림을 두고두고 또 바라보다가
그 전시회장에서 새로운 인연을 만난다면
다시 그림 그리기를 시작하겠지.
언제나 그렇듯 처음은 늘 번지지 않고 섞이지 않은
아주 순수하고 예쁜 본연의 색을 다 나타내면서 말이야.

그렇게 시작될 거야.
찬란한 나의 꾸밈없는 사랑.

그래, 나 취했다

○ 🎧 매직_ *Rude*

내 눈앞에서 붉은 해가 지고 있었다. 몇 주 전 일기에 분명 '낮에는 반짝이는 바다를 보고 해가 지면 와인에 취하고 싶어'라고 썼었는데, 오늘 난 길을 잃고 캐리어를 하나 부숴 먹어도 슬프지 않을 모습의 반짝이는 바다를 마주했고, 어둠이 내린 바다 앞에서 제일 좋아하는 엄마와 함께 달콤한 와인을 한잔했다. 그리고 집으로 돌아가는 내내 좋아하는 라틴 노래를 들었고 희미한 듯 꺼지지 않는 야경이 속삭이는 빛을 따라 걸었다.

아무래도 나 취한 것 같아, 이 야들한 밤에.

이것이 바로 여행이 주는 즐거움일까?
고된 하루의 노고를 뜨끈한 샤워로 흘려보내고 푹신한 소파에 앉아 사랑하는 사람과 함께 마시는 맥주 한 잔의 청량감처럼, 그때에 불어오는 솔솔한 늦가을 바람의 속삭임처럼, 그런 간지러운 감정들을 내 마음속에 콕콕 박아 놓는 일.

나는 여행을 통해 취하지 않으면 알 수 없는 수만 가지의 감정들을
알아가고 있었다.

오늘이 끝이어도 좋을 것만 같은 느낌을 주기도 하고,
내 삶에 마치 누군가 요술을 부린 양
검은 하늘 위 별똥별이 마구 쏟아지기도 하는,
술을 통해 취하지 않아도 이 분위기에 취하면 알 수 있는 것들 말이다.

오늘 밤은 황홀해, 도수가 높다.

오늘 문득

○ 데미안 라이스_ *9 Crimes*

문득 바다가 보고 싶어 늦은 오후 버스를 타고 피란으로 향했다. 그런데 웬걸, 이토록 빛나는 곳이 여태 어디에 숨어 있었던 거야? 버스에서 내리자마자 요트 사이로 저녁노을이 보이는데, 그 광경이 너무 황홀해서 카메라를 드는 순간마저 아까울 지경이다.

곧 육십인 우리 엄마, 반오십 나, 그리고 벌써 스물두 살 어른이 되는 막내까지. 우리 셋은 저녁 시간도 잊은 채 항구 앞에서 지는 해를 바라보았다. 붉게 타오르기 시작한 저 해가 어둠에 다 안겨버리는 순간까지 우두커니 같은 자리에서 같은 곳을 꽤나 오랫동안.

우리가 언제 한 번 이렇게 같은 곳을 바라본 적이 있던가. 함께 여행 오지 않았다면 이렇게 멍하니 서서 같은 하늘을 마주할 날이 있었을까.

오늘 문득, 여행에게 고마워진다.

할 것 없는 수도

○ 🎧 이상은_ 비밀의 화원

유럽에서 가장 조용한 수도라 불리는 슬로베니아의 수도 류블랴나
행 버스를 탔다. 4시간쯤 달렸을까. 한 방울씩 빗방울이 떨어지더니
이내 장대비가 우릴 맞이한다. 버스에서 내린 우리는 마치 소설 『소
나기』의 주인공처럼 옷을 위로 펼쳐 들고는 달리기 시작했다. 비 맞
은 우리의 꼴이 너무 웃겨 서로를 놀리기도 하면서.

"엄마 완전 생쥐 같다!"
"그럼 니는 생쥐 딸인데?"

예전 같으면 '비가 와서 제대로 보지도 못하네. 빨리 멈춰라!' 했을
텐데, 오늘은 왠지 우릴 소녀처럼 만들어주는 비가 고맙기만 하다.

그렇게 몇 날 며칠 류블랴나 위로 쏟아지는 비 덕분에 우리는 3일
내내 침대에서 살았다. 엄마는 2층 침대에, 동생과 나는 1층 침대에
둘이 꼭 붙어 누워 각자 좋아하는 노래를 틀고서는 여유를 부려본

다. 그러다 잠이 들기 전, 우리 셋은 일기장을 폈다. 글 쓰는 걸 좋아하는 건 어찌 이리도 닮았을까.

엄마의 일기엔 낙엽이 지는 듯 가을 향이 가득하고, 내 일기는 주절주절 할 말이 뭐 그렇게 많은지 낙서 천국이다. 동생 일기장 속에는 마냥 달달하기만 한 솜사탕 같은 오늘의 이야기가 빼곡하다.

이 시간이 참 고맙다. 가만히 노래 듣는 걸 특기보다 잘하는데. 밤마다 일기 쓰는 걸 취미보다 좋아하는데. 이 얼마나 좋은가.

아이처럼 비를 맞으며 달려보기도 하고, 내리는 비의 리듬에 맞춰 몸을 흔들기도 하고, 내일 부끄러울지언정 오늘 내게 가장 솔직한 일기를 끄적이기도 하면서, 우리는 비로소 조금 더 자유로워졌다.

할 것 없는 도시라던 류블랴나에서 우리는 진짜 많은 것을 해버렸다.

한 번쯤은, 여섯 살

우리도 순수함을 한 몸에 가득 지닌 소녀, 소년인 시절이 있었다. 세수를 하지 않고 잠에 들어도 볼에 날 여드름 따위 걱정하지 않던 시절. 늦은 밤에 엄마 몰래 초콜릿을 먹으면 그만한 행복은 없었던 시절. 미뤄둔 학습지를 침대 밑으로 보내놓고 잃어버렸다고 하면 그만이었던 시절. 마치 하루에 있었던 모든 일들이 내 인생의 전부가 되는 여섯 살 아이 같았던 시절. 그런 날들이 분명 내게도 있었다.

복잡하게 생각하지 않고, 그저 지금의 나만 좋으면 되었던 그런 보통의 오늘을 보내던 날들이 내게도 분명 존재했었다.

늘 올라가기만을 원하는 우리는 가끔 옆으로 넓어지는 법을 배울 필요가 있다. 그러니, 나는 가끔 여섯 살로 돌아가야겠다. 작아지지 않으면 절대 알 수 없는 이 작은 행복들을 마음껏 누리는, 그런 소중한 오늘을 살아가는 싱그러움이 가득 밴 아이로 가끔은 돌아가야겠다.

СРПСКО-СЛОВЕНАЧКИ КЛУБ
ČITALNICA
ЧИТАОНИЦА
KNJIGARNA
КЊИЖАРА
1€

괜찮아, 토닥토닥

괜찮아요.

지금 잠시 쉬는 시간을 가지는 거예요.

공부도 쉼 없이 계속하면 효율적이지 못하다고 선생님이 그랬어요.

그러니까, 괜찮아요.

우린 잠시 쉬는 시간을 가지는 것뿐이에요.

우리들의 몸이 다시 춤을 출 수 있게.

오늘의 저녁 바람으로 인해

또다시 긴긴 길 위를, 뜨거운 내일을 걸어갈 수 있게.

그러니까 괜찮아요.

그저 오늘은 이 바람만 느껴줘요.

향기로워, 말똥 냄새까지도

엊그제 슬로베니아를 넘어오는 국경에서 문득, 나는 왜 여행을 할까 스스로에게 궁금해졌다.

아빠가 그러시더라. 왜 너는 그렇게 죽자 살자 모은 돈을 놀러 가는 데다 써 버리냐고. 왜 늘 여행을 하냐고. 위험하고 엄마 아빠 걱정시키고 맛있는 것도 제대로 못 먹으면서 왜 그게 좋으냐고.

그럴 땐 "그냥 좋으니까. 나도 몰라요. 그냥 좋아요"라고 말한다.

사실 그렇다. 여행 그게 뭐라고 하루 8시간 이상 최대 투잡을 뛰면서 일을 하고, 먹고 싶고 사고 싶고 하고 싶은 거 참아가며 떠나는 날만 고대하며 살아왔을까. 참 우습게도 막상 떠나오면 늘 행복한 것만도 아닌데 말이야. 갔다 오면 살찌고 못난 얼굴에 주근깨는 갈수록 늘어나며, 부당한 차별도 그냥 웃으며 넘어가고, 10대들이 나를 보며 눈을 찢고 침을 뱉어도 속으로만 욕하면서 말이야. 길 잃고

날은 덥고 냄새나는 거리를 서성이며 옆에 있는 비둘기가 친구 같이 느껴질 만큼 처절하게 외로우면서도 왜 나는 계속 여행을 할까.

생각해보니 '고생하고 다시 이겨내고 그래서 난 성장하고…' 이런 구구절절한 이야기는 허세일 뿐이었다. 내 지난 여행이 아주 예쁘게 포장돼 기억이 미화되었을 뿐, 안 좋은 일이 생기면 속으로 욕하고 화내고 얼른 집으로 가고 싶은 사실은 다르지 않았다.

그럼 과연 왜, 나는 계속 여행을 하는 걸까.
답은 가까이에 있었다. 그건 바로 지금.

여전히 해가 지지 않은 이 밤, 블레드의 어느 시골마을 구석에 위치한 작은 호스텔 해먹에 누워 불어오는 말똥 냄새를 맡고 있는 지금과도 같은 이 순간이 좋아서. "자, 유리야. 맡아봐. 이게 블레드의 향이야"라고 말하는 것 같아서. 아니 그렇다고 내가 말똥 냄새를 좋아하는 건 아닌데, 그러니까 한마디로 말하자면 여행이 말똥 냄새까지도 이 밤이 내게 주는 달콤한 선물처럼 만들어주는 마법인 것만 같아서.

해먹에 오늘의 노곤함을 모두 내려놓고 바람이 부는 대로 움직이며 지금을 느낄 때. 아까 먹은 시원한 ladler^{레몬 맛 맥주}까지 있다면 금상첨화겠다. 하늘에는 내 눈으로만 볼 수 있는 작은 별들이 떠 있고, 머리 위 가깝게는 블루문이 떠 있는 지금 이 순간에 바람의 온도를 만끽하며 내가 살아 있음을 느끼는 것. 이것이 아마도 내가 계속 여행을 하는 원동력이라는 결론.

기차를 타고 가며 이 그림 속을 달리고 있는 것에 감사해서, "여행하는 게 제일 좋아서 여행을 해요"라고 해맑게 이야기할 수 있는 스물다섯 아이 같은 내가 좋아서, 여행하며 만나는 기약 없이 가득히 찬 이 인연의 품이 너무 좋아서. 결국 이 모든 것의 끝은 나의 행복이었다.

어찌 됐든 웃고 있는 나, 걱정 없이 잠들 수 있는 오늘 밤, 맛있는 빵, 좋은 바람, 사람들의 살아가는 냄새, 하늘 위 수놓아진 별처럼 내 삶 속에 존재하는 인연의 끈. 그것이 다였다.

다시 한 번 눈을 감으며 생각한다.

아, 여행은 여전히 힘들어. 그래도 지금 좋잖아. 이 말똥 냄새마저 향기로우니까. 마법 같은 순간에 나 빠져 있으니까. 막 오글거려도 행복하니까.

오래도록, 정말 오래도록 느끼고 싶다.

한바탕

어쩌면 그런 것일지도 모르겠다.
우리는 깊고 광막한 우주를 향유하다
잠시 지구라는 곳에 정착한 것일지도 모르겠다.
제각기 주어진 시간이 있으니
그 시간 최대로 잘 쓰고 가면 되는 것일지도 모르겠다.

그러니 남의 인생 살지 말고 당신의 삶을 살라.
새하얀 공책 위, 즐겁게 맛있게 삶을 써 내려가라.

한바탕 즐겁게 살고 나면
짧은 시가 되어 우리 언젠가 다시 날아오를 테니.

특별한 5분

○ 🎧 셀레나 고메즈_ *Kill Em With Kindness*

슬로베니아 블레드 호수를 걸으며 느려진 내 걸음에 엄마는 자신의 걸음을 맞추었다. 우리는 조금 더 천천히 걸었다. 그리고 조금 더 천천히 호수를 바라보았다. 하늘은 푸르지, 햇살 아래 호수는 반짝거리지, 사람들은 어디 하나 찡그린 표정이 없지. 덩달아 행복 에너지를 받은 우리는 다시 힘을 내어 걷기로 한다.

신발에 땀이 차 미끌미끌해질 때쯤, 우리의 발이 닿은 곳은 바로 호수 산책로 끝자락의 한 아이스크림 집. 통 크게 1유로짜리 두 개를 주문했다. 내 거, 그리고 동생 거. 이 불 같은 더위에도 엄마는 아이스크림이라 하니 손사래 친다.

그렇게 두 개를 주문했는데 한 스쿱씩 시킨 우리에게 주인 아저씨가 두 스쿱을 주신다.

"아니에요 아저씨. 한 사람당 한 스쿱씩을 말한 거였는데!"

"나 한국을 좋아해. 그래서 지금 5분 동안 1+1 행사야!"

아저씨의 마음이 고마워서 아이스크림을 좋아하지 않는 엄마도 아이처럼 신나게 아이스크림을 들었다. 아저씨의 사랑이 들어가서일까. 블레드 끝자락에 있는, 어쩌면 스쳐 지나가 존재 자체도 몰랐을 그 작은 아이스크림 가게에서 먹은 아이스크림은 어느 유명 이태리의 젤라토보다, 터키의 유명 돈두르마보다 더 쫀득하고 맛있었다. 뜨거운 햇살에 빨리 녹는 아이스크림이 못내 아쉬웠을 만큼.

아저씨의 마음을 가득 안은 채 우리는 조금 더 발맞춰 걸었다. 셋이서 다 다른 색의 아이스크림을 손에 쥐고서 바람이 불어오는 방향 그대로 천천히 걸었다. "엄마. 아저씨 참 정 많다, 그치. 내가 꼭 저 아이스크림 가게 홍보해줄 거야! 그래서 꼭 대박 나게 할 거야!"라는 이유 없는 자신감으로 큰소리치기도 하면서.

행복했다. 녹차맛의 엄마, 딸기맛의 나, 초코맛의 동생. 다 다른 맛을 좋아하는 우리라지만 아저씨의 같은 따뜻함이 담긴 아이스크림을 쥔 채 서로를 보며 연신 웃음을 짓는 우리의 미소가 그저 소중해서, 조금 더 행복해했다. 이렇게나 따뜻한 오후. 그런 눈부신 오후가 우리에게도 있었다.

엄마, 나 꿈꾸는 거 아니지?

버스 안에서

김광석_ 바람이 불어오는 곳

다음엔 돈을 많이 벌어서

꼭 내 키만 한 작은 차를 빌려

좋아하는 라틴 음악을 크게 틀어 놓고

끝이 보이지 않는 저 길을 달리고 싶어.

창문을 끝까지 열고는

들어오는 바람에 머리카락이 다 헝클어질 때까지 말이야.

그렇게.

세상의 모든 보드라운 바람이 나를 향하도록 그렇게.

마치 영화 속 주인공이 된 것처럼 그렇게.

눈을 감아도 웃음이 마구 나는,

세상에서 가장 행복한 순간을 만난 것처럼 그렇게.

나는 빈을 좋아하지 않았다

새벽 6시 반이면 호스텔 조식으로 아침 겸 점심 배를 채우고, 해가 지면 그릭 아저씨가 계신 푸드트럭 앞에 서서 한 백 번쯤 고민하다 2유로짜리 길거리 누들을 사 먹곤 했다.

3년 전, 소매치기를 당한 어린 배낭 여행객에게 비엔나는 처절했다. 돈 없고 친구 없고, 망망대해에 버려진 한 척의 배처럼 외로웠고, 쓸쓸했고, 또 배고팠다. 허나 오늘을 살아가는 일개 여행자인 내게 그 절절한 외로움 따위를 느낄 시간은 과분했으니, 어떻게 내일을 살아갈지에 대해 고민하는 것이 더 현명한 방법이었다.

'배는 고픈데 거기다 비까지 내렸지. 마치 웃음 잃은 삐에로마냥 의미 없이 비엔나 거리를 거닐었어. 사실 길을 걷는 것 말고는 할 것이 없었어. 길이라도 걸어야 했거든. 그렇지 않고 숙소에만 있다가는 우울증에 무기력증까지 올 것 같아서. 다리는 너무 아

LL
OO
NN
TICHY
EIS
EISSALON
Hier

프지만 트램 탈 돈 한 푼 없었기에 케른트너 거리 위 웃고 있는 사람이면 그저 다 부러웠어. 맥도날드 안 가족과 햄버거를 먹는 8살 어린 남자아이도, 엄마랑 함께 여행 온 듯 보이는 한국 여대생도, 난 우산조차 없는데 작은 우산으로 서로의 어깨를 적셔가며 사랑을 확인하는 저 커플은 내가 KO패 당하기에 충분하지.'

그렇게 3년이 흐르고, 웃음조차 한 번 짓지 않았던 그때의 비엔나를 다시는 기억하고 싶지 않았었는데 이상하게도 마음이 자꾸만 빈을 향했다. 분명히 그 기억이 그리워서는 아닐 텐데, 그때 느끼지 못했던 것들을 알기 위함이었을까. 결국 마음이 이끄는 대로 그곳을 다시 찾았다.

이번엔 나의 완벽한 승리다. 3년 전 그날에게 보란 듯이, 나는 빈을 사랑했다. 비가 내려도 더 이상 우울하지 않았고, 내 옆에는 소중한 사람들이 존재했다. 돈이 없어 탈 수 없던 그 트램을 타고, 올려다볼 희망조차 없었던 높은 하늘을 마주하며, 나는 그렇게 빈이 전해주는 그때의 내겐 보이지 않았던 것들을, 내 작은 그릇으로 채울 수 없었던 것들을 눈에 담기 시작했다.

그래, 아름다웠구나. 언제나 그렇듯 이 길 위의 나를 찾아온 말없는 바람과 마음을 간질이는 노래, 그리고 진실된 내가 있다면 이것이 내겐 곧 좋은 여행이 되는 것이었구나.

그 시절 어려운 내가 있었기에, 비엔나는 지금 내게 너무나 소중한
기억으로 품에 안겼다.

참으로 예쁜 빈을 보아서 좋았다. 이 예쁜 하늘 아래 내가 존재할
수 있어 좋았다.

다시 만난 세계

○ 🎧 조덕배_꿈에

비행기 안, 집으로 가는 길, 그리고 다시 돌아온 8월의 거리.
이른 저녁의 골목 냄새가 너무 좋아서,
그렇게 나 한참을 서 있었다.
골목으로 새어 들어오는 이 빛을 얼마나 그리워했던가.

눈을 감아도 지워지지 않던 이 빛을
나는 그렇게 또다시 마주하고 있었다.

세상이 변하지 않는다 한들,
시선을 바꾸면 담기기 시작하는 이 땅 모든 것들의 아름다움.

발길이 떨어지지 않는 이 골목 위 나뭇잎들이
벌써부터 보고 싶을 소리를 낸다.
이 푸른 저녁처럼만 살아갈 수 있다면.

CAFE GARAGE

용기, 어디서 얻냐고요?

○ 🎧 밴스 조이_ *Riptide*

용기라는 거 있잖아요. 그 무모한 거, 참 만나기 어려울 것 같은데 꽤나 가까이에 있대요.

스쳐 지나가던 기사에 실린 사진 한 장이, 아침밥을 먹다 우연히 본 TV에서의 광경이, 지인으로부터 들은 단 한마디의 말이, 심지어는 문득 고갤 들어 본 하늘이 내게 떠날 수 있는 용기라는 그 움직임을 주기도 해요.

아, 혹시 몰라요. 지금 이 책을 보는 당신에게 단 한 장의 페이지가 용기란 걸 가져다줄지도요.

저는 딱 두 가지였어요. 보슬비가 내리는 늦저녁, 빗방울과 함께 반짝이는 에펠탑 아래에 서 있는 제 모습하고요. 고3 시절, 새벽 6시 TV 프로그램에서 봤던 에스토니아 탈린의 호두 파는 아가씨를 만나는 것.

그 두 가지를 상상하니 미치겠는 거예요. 하고 싶어서요. '진짜 꿈꾸던 것들을, 하고 싶은 것들을 하고 살면 행복할까?' 하는 의문을 해결하고 싶었거든요. 지금 안 하면 영영 못하겠다 싶고, 상상만 해도 기분 좋아지는 그런 생각들이 내가 눈을 떴을 때 펼쳐진다면 어떤 느낌일지 정말 궁금하기도 했어요.

끝내 전 보슬비가 내리는 늦저녁, 빗방울과 함께 반짝이는 에펠탑 아래에 서 있었어요. 18살, 그때의 꿈을 안고 저는 진짜 그 아래에 있었어요. 분명히 기억나요. 그 짜릿함이요. 아아, 이 저녁이 무엇이기에 나를 이렇게 행복하게 하나. 비행기도 아닌데 나를 붕붕 뜨게 만드는, 태어나 처음 느껴본 듯한 그런 느낌이었어요. 눈을 감고 이 장면을 꿈꾸던 예전의 내 모습을 떠올리고, 다시 질끈 감은 눈을 뜨고선 꿈을 이룬 그 순간을 만끽했어요. 얼마나 짜릿했는지 몰라요. 여기까지 걸어온 과정들이 생각나기도 하고, 또 꿈을 잃지 않고 믿어온 제 자신이 고맙기도 하면서요.

에스토니아 탈린의 호두 파는 아가씨는 아직 만나지 못했어요. 조금 더 훗날에 가고 싶어서요. 여행이 제 인생에서 조금 덜 설레게 다가올 때, 그때요. 탈린으로 가면 고3 시절, 엄마가 차려준 밥상 앞에서 따끈따끈한 밥을 먹으며 순수하고도 싱그러운 여행을 상상했던 풋내기 시절의 수줍은 제 모습으로 돌아갈 수 있을 것만 같거든요.

오늘부터 찾아봐요. 지금 이뤄내지 못하면 훗날 '그때 했어야 했어' 하며 허벅지를 치며 후회할 내 모습이 두려웠기에 떠났던 저처럼요. 넘어져도 툴툴 털고 일어나 '괜찮아'라고 토닥여줄 수 있는 그 용기 말이에요.

모든 걸림돌을 한 방에 뛰어넘어 오르게 해줄 그 용기라는 게 아마 가까이 있을지도 몰라요.

품

누군가가 세상에 지쳐 힘들다고 한다면
"세상은 그런 거야. 이것도 하나 못 견디면서
어떻게 살아가려고 그래"라는 말보다
그저 말없이 꼭 안아주는 건 어때요.

우리도 그런 날 있잖아요.

누군가의 품에 안겨 울고 나면 썩 괜찮아질 것 같은 그런 날이요.

이런 세상에 살아간다는 건

요즘 제가 만나는 하늘이 너무 예뻐요.
아아, 감히 예쁘다는 단어로는 표현할 수도 없어요.

아침에 일어나서,
길을 걷거나 동네 버스를 기다리면서,
그리고 자기 전 마주하는 어두운 밤하늘까지.
하늘에 꿀단지를 숨겨 놓은 것도 아닌데
늘 하늘을 보게 돼요.

마치 예쁜 유화 같아요.
젖어도 사라지지 않고
희미해져도 오랫동안 기억에 남을 것 같아요.

눈앞에 펼쳐진 수많은 별들이 너무나 반짝여요.
마치 나를 데리고 가려는 것처럼요.

눈 깜빡이는 시간조차 아쉬운 거 있죠.

손 뻗으면 닿을 것 같아요.

이 기분이라면 나, 당신 위한 별도 따줄 수 있어요. 정말이요.

눈보다 좋은 카메라는 없고

저 하늘보다 푸른, 저 별보다 빛나는 오늘은 없을 거예요.

이런 하늘 아래 서 있다는 것은

이런 세상 아래 살아간다는 것은

참 복 받은 거죠.

속삭여줘

○ 🎧 막시밀리언 헤커_ *Snow White*

꿈을 꿨어.

해가 지는 바닷가 앞에 앉아

저 지평선 너머 져 가는 오늘을 함께 바라보는 거야.

말하지 않아도 오늘이 가고

다시 내일이 와도

꼭 함께할 거라는 마음을 주고받으면서 말이야.

바람은 달콤하고 네 손은 참 따뜻하지.

그렇게 스머드는 8시, 우리의 온도.

속삭여줘

크로아티아 중독자

어쩌다보니 크로아티아에 세 번째 오게 됐다.
그리고 이건, 내가 이곳을 세 번이나 올 수밖에 없었던 이유.

1.

21살, 아일랜드 던리어리로 가는 기차 안에 붙어 있는 두브로브니
크 광고판을 봤다. 세상에 저런 곳이 있냐며 사진을 찍고선 집으로
달려와 찾아보니 크로아티아란다. 조지 버나드 쇼가 세상에 천국
이 있다면 두브로브니크라고 했던가. 그래서 갔다. 천국을 만나러!

힘차게 출발한 여행에서 글쎄, 두브로브니크 가기 전 오스트리아에
서 통째로 소매치기를 당했다. 멍했다. 시간이 흐름에 따라 내 감정
을 제외한 모든 것이 따라 흘렀다. 그렇게 오고 싶어 하던 그곳에서
나는 영혼이 없는 인형처럼 아무것도 하지 않았다. 그저 지금 이 순
간이 거짓말이기를, 깨지 않은 꿈이기만을 바랐다.

그렇게 빈털터리로 넘어온 이곳에서의 조용한 일주일이 흘렀다. 잃어버린 돈이 돌아올 것도 아닌데 기다리면 돌아올 것처럼, 이렇게 나 슬퍼하면 내가 그리워서라도 돌아올 것처럼 그저 슬픈 하루하루를 보내고 있었다. 그러다 하루는 찌뿌둥함에 못 이겨 산꼭대기에 있는 숙소 대문을 열었다.

아아, 내 눈앞에 펼쳐진 건 그림이었다. 그림 아니고는 이렇게 잘 그려져 있을 수가 없는 풍경이었다. 그때나 지금이나 그 순간의 감정을 글로 표현하는 방법을 나는 아직 찾지 못했다. 문을 여는 순간 바람이 불어오는데, 세상 가장 부드럽고 따사로운 바람이었다. 마치 바람에서 달콤한 솜사탕 향이 나는 것만 같았다. 그리곤 그 바람이 속삭였다.

이렇게 좋은 곳에서 뭐하는 거야! 돌아오지 않을 일 때문에 현재를 놓치지 마. 바람처럼 다 지나가. 네 눈앞에 펼쳐진 지금이 너무 아름다운 걸.

그 아름다운 풍경 앞에서 할 수 있는 것이라곤 격한 공감뿐이었다. 버나드 쇼의 말에 이천 삼백 번 정도 공감하며 혼자서 수도 없이 고개를 끄덕였다. 이 뜨거운 햇살을 닮은 붉은 지붕들, 그 아래 지금이 마지막인 것처럼 반짝이는 아드리아 해. 그리고 덥지도 춥지도 않은 바람의 온도까지.

늘 구겨 신던 신발을 바로 신었다. 그리고 저만치 내려가 있던 입꼬

리를 힘껏 끌어올리고는 남아 있던 동전을 손에 쥐고 밖으로 달려
나갔다. 제일 좋아하는 슈크림 빵을 하나 샀다. 한 입 베어 무니 마
법처럼 입에서 녹아내렸다. 기분이 조금 나아졌다. 우울함에 빠져
허우적대던 지난 일주일간의 내 모습이 조금 바보같이 느껴졌다.

돌아오지 않을 과거 속에서 우울함만 계속 꺼내 먹던 나는 이제 더
이상 그러지 않았다. 밤마다 없어진 돈으로 할 수 있었던 것을 나열
하며 잃어버리기 전으로 돌아가길 간절히 바랐던 그 어두운 시간 속
의 나는 더 이상 없었다. 아드리아 해를 끼고 반짝이던 두브로브니
크의 오후 4시는 그렇게 내 모든 설움을 데리고 가버렸다.

2.

엄마에게 보여주고 싶은 곳이 있었기에 엄마 손을 잡고 갔다.

우리는 꼬박 3일이나 플리트비체의 별을 봤다. 별이 너무 예뻐서 두
시간이나 카메라를 들고 설쳤다. 어떻게 찍는 줄 몰라 300장도 넘게
찍었는데 딱 한 장만 제대로 나왔다. 별인지 먼지인지 모를 그 사진
속 별은 사실 먼지를 더 닮아 있었다. 솔직히 아직도 잘 모르겠다.
내가 찍은 게 별인지 먼지인지. 별이었으면 하는데 먼지 같고, 그렇
다고 먼지라고 하기엔 너무나 빛나기에 나는 그냥 먼지같이 빼곡한
별이라 칭하기로 했다. 별이면 어떠하고 먼지면 어떠하리. 카메라
앵글에 비친 그것은 나를 이 밤에 홀리게 했기에 상관없었다. 그저

내 마음에 별이면 되었다.

요정이 산다는 그곳. 크로아티아 플리트비체에서 나와 엄마는 3년 전 내가 걷던 길, 내가 한참을 바라보던 호수, 엄마에게 다음에 꼭 같이 오자며 영상을 찍었던 폭포 앞을 함께 걸었다. 엄마가 참 좋아했다. 잠시 현실과 동떨어진 이곳에서 우리는 바람을 타고 구름 위를 걷는 듯했다. 3년 전만큼 하늘이 푸르진 않았지만 이곳의 아름다움보다 엄마의 미소가 더 아름다웠으니 그걸로 되었다.

3.

그리고 지금. 이번에는 크로아티아의 작은 마을들을 찾았다. 버스가 닿는 곳이라면, 길이 있는 곳이라면 그곳이 어디든 좋았다. 어렵사리 버스를 네 번이나 갈아타고 찾아온 라박이라는 이곳은 마치 작은 유토피아 같다. 모든 것이 천천히 흘러가고 웃음소리가 악보에 그려지는 것만 같은 곳이다. 길을 걷다 젤라토를 한 입 먹었더니 마치 구름 맛 같다. 비가 오고 난 후 맑게 갠 하늘 위 떠 있는 작은 구름 맛이랄까!

집 앞 정원에 라임이 자라고 있어 늘 같은 와인 한 잔에 갓 딴 라임을 넣어먹곤 하는데 그게 어찌나 맛있는지 모른다. 거미줄이 마구 쳐져 있는 베란다에 앉아 짧은 두 다리를 힘껏 뻗어 올리고선 눈을 감고 한참 노래를 듣는다. 그러다 갑자기 비가 내리기 시작하면 아침에 널어놓은 빨래를 걷으러 2층으로 잽싸게 달려가는데 그 모습이 어찌나 우스운지. 오두방정 계단을 내려가는 내 모습을 보며 혼자 킥킥대고는 한다. 그렇게 하루의 반이 잔잔히 흐르고 나면 제 차례를 기다렸다는 듯, 별들이 떠오르기 시작한다. 눈을 감았다 뜨면 별들은 하나둘씩 제 모습을 더 드러내고, 나는 그렇게 우리 집 아기 고양이 세 마리와 함께 수고한 오늘 밤의 품에 기대어 잠든다.

고마운 사람들, 즐거운 해변, 어여쁜 밤하늘, 그 모든 것이 완벽한 크로아티아. 조금만 기다려요. 다시 가서 잔뜩 사랑해줄게.

마법 같은 순간, 바로 지금

○ 🎧 원리퍼블릭_ *Good Life*

이따금씩 내 앞에 말도 안 되는 풍경이 놓여 있을 때,
손가락으로 카메라 프레임을 만들어보곤 해요.
프레임 안에서만 존재할 것 같던 마법 같은 그림이
손가락을 내리면 눈앞에 있어요.

그럼 그 마법 같은 그림은 진짜가 되고,
난 그 마법 같은 순간 위에 서 있는 거예요.
수없이 "아… 말도 안 된다. 말도 안 돼!"를 외치며
그 순간을 마음의 카메라로 계속 찍어요.

영원히 언제든지
지금 이 마법 같은 순간을 기억할 수 있게 말이에요.

좋아하는 길

○ 🎧 아비치_ *Wake Me Up*

여행을 하며 걸어온 또는 버스나 기차를 타고 달려온 수많은 길 중에서도 내가 정말 좋아하는 길이 있다. 수없이 펼쳐진 길 중에서도 가도 가도 또 가고 싶은 길. 꼭 다시 한 번 자동차를 빌려 노래를 크게 틀어 놓고는 달리고 싶은 그런 길들.

1. 오스트리아 바트이슐에서 잘츠부르크로 향하는 길

푸른 들판과 에메랄드빛 호수가 끊이지 않는 곳. 들판에는 소들이 풀을 뜯고, 잔잔한 호수에는 작은 배들이 떠다니는 곳. 바로 오스트리아 잘츠캄머굿 지역이다. 특히 교통의 요지 바트이슐이라는 작은 마을에서 첫 출발을 하는 포스트 버스는 마치 미술관으로 가는 듯한 버스 같기도 한데, 그 버스 루트의 길들이 너무나 아름다워 7.5유로라는 거금의 버스비가 아깝지 않을 정도다.

오스트리아의 여름은 언제나 햇살이 너무 좋다. 구름 한 점 없이 깨끗한 하늘에 햇살은 어찌나 따사로운지. 여기가 딱 동화 속에 나오는 그런 마을인가 싶다. 사실 그 어느 나라 여름이라도 이런 맑은 날은 있다지만, 오스트리아의 이 파란 하늘과 푸른 들판의 조화가 내 눈에는 그저 완벽한 오늘인 것만 같다.

내 목적지인 장크트 볼프강으로 가기 위해 어색할 만큼 깨끗이 정돈된 기차에 몸을 싣고, 또다시 버스로 갈아타는 과정을 반복하면서 그 빛나는 길 위를 나는 달린다. 햇살이 닿은 호수가 쉼 없이 반짝여 덩달아 내 눈까지 반짝이게 만드는 그 풍경들을 보며 괜히 남사스러운 감동이 차올라 눈물을 훌쩍거리는 내 모습이 조금 부끄럽기는 하지만, 아무튼 완벽한 것은 맞다. 지금 이 길 위를 달리고 있는 자체가 행복인 그런 완벽한 길이다.

잠시 시간이 멈춰갔으면 하는, 작은 공간 속 마법 같은 꿈을 꾸게 하는 곳.

10라리(=2천 원)라는 아주 저렴한 가격의 요금은 버스를 타는 순간 단번에 이해하게 된다. 고작 10인승 남짓한 마슈르카에 두 배가 넘는 인원이 탄다. 과장 조금만 보태면 목을 돌릴 수 없는 닭장 속에 갇힌 닭 같다. 버스는 옆을 바라보면 탁 트인 창문으로 바깥세상이라도 바라볼 수 있다지만, 이 자그마한 마슈르카는 창문이 목보다 아래에 있어 바깥을 한 번 보려면 고개를 두어 번 수그려야만 한다. 포기하고 앞을 바라보기로 마음먹은 지 1분도 채 안 돼서 앞사람의 뒤통수가 너무 커 창문은 고사하고 그의 머리에 난 새치 개수를 세고 있을 것 같기에 목이 아프더라도 창문 밖을 쳐다보기로 한다.

참았던 숨을 토하기라도 하듯 작은 창문으로 머리를 빼 마주하는 바깥세상은 어마무시하게 아름답다. 작은 마슈르카 위로 펼쳐진 끝없는 산맥은 마치 기구를 타고 도로 위를 날고 있는 듯한 느낌을 들게 한다. 11월의 조지아는 황량하기 그지없지만, 거대한 코카서스 산맥 위로 쌓여 있는 새하얀 만년설은 하얗게 빛나고 가끔 존재하는 초록의 맑은 호수들 역시 청량하게 빛이 난다.

그렇게 이 광활함에 매료되어 입이 벌어질 대로 벌어져 있을 때쯤, 갑자기 차가 멈춘다. 새하얀 양떼들의 습격 때문이다. 기사 아저씨는 매일 보는 풍경이라 아무렇지 않다지만, 이런 풍경을 쉽게 만나볼 수 없는 마슈르카 안 우리 여행자들은 너도 나도 웃기 시작한다. 겁이 많은 양들은 차가 무서운지 다 같이 호들갑을 떨기 시작하는데, 파도가 밀려가는 듯 도로를 빠져나가려는 양떼들의 엉덩이가 양증맞다.

마슈르카는 양이나 소가 움직이는 속도대로 움직일 수밖에 없고, 이런 상황에 함께 웃던 마슈르카 안 사람들은 사뭇 더 가까워져 그렇게 우리는 길 위에서 만나 바람처럼 흩어지는 친구사이가 된다. 엉겨 붙어 불편하던 어색한 그 사이도, 이내 내 자리를 조금 더 내어줄 수 있는 그런 사이로.

기사 아저씨와 스무 명 남짓한 우리는 길을 가다 맛있는 과일집이 있으면 차를 멈춰 다 같이 과일을 사 먹기도 하고 통하지 않는 언어로 서로의 미소를 읽으며 그렇게 짧은 시간, 가장 긴 시간을 함께 한 친구가 된다.

3. 크로아티아에서 몬테네그로 쟈블락으로 향하는 길

크로아티아의 아드리아 해를 보며 달리다 잠시 보스니아 국경을 넘고 또다시 몬테네그로로 향하는데 그 길이 가히 장관이다. 한 번도 본 적 없는 돌만 있는 산인데, 그 웅장한 돌산의 무덤덤함에 한 번 놀라고 노을 지기 시작하는 순간 빛나는 모습에 두 번 놀란다. 세상엔 왜 이렇게 아름다운 길이 많은 걸까. 잠을 자다 눈을 떴는데 여전히 꿈을 꾸고 있는 줄 알았다. 아무렇지 않게 눈앞에 놓여 있는 이 어마어마한 광경들 앞에서 나는 조금 더 작아지곤 한다.

한 폭의 그림 같은, 꿈속을 달리는 것만 같은 그런 길의 향연들. 내 인생에도 이리 아름다운 길들만 펼쳐지면 얼마나 좋겠냐마는, 가끔 지루하기도 하고 넘기 힘든 비포장도로를 건너야 할 때도 있다는 것을 잘 안다. 그럴 땐 씩씩하게 차를 밀고 앞으로 나가 좀 더 단단해진 바퀴로 내일을 더욱 힘차게 살아가련다.

또다시 이렇게 아름다운 바람이 부는 길을 달릴 수 있다는 희망으로.

크리스마스 이브의 흔한 소원

지금 내게 소원이 있다면 말이야.

사랑하는 사람이랑 함께 눈이 많이 내리는 강원도에 가서
창이 아주 큰 펜션을 하나 잡는 거야.
그리고 캐럴을 틀어 놓고선 커피를 마시며
그 창밖만 종일 바라봤으면 좋겠어.
아무 말 하지 않아도 김이 서린 창을 보면서 마시는 그 커피엔
모든 감정이 다 가라앉아 있을 거야.
창에 비친 우리의 모습은 얼마나 애틋할까.

창밖으로 하늘에서 내리는 눈이 조금씩 쌓여가고
우리의 뽀얀 사랑도 점점 쌓여갈 거야.

그렇게 한참을 있다가
머그잔의 내 입술 자국이 굳을 때쯤 해가 지기 시작해.

해가 지고 나면 내가 제일 좋아하는 연어 샐러드를 만들어 먹을 거야.
거기에 내가 만든 상그리아도 한 잔.
그라나다에서 매일 같이 마셔댄 술이라는 무용담을
한껏 털어놓으면서 말이야.

그리곤 같이 양치질을 하고 침대에 누워 밤새도록 영화를 보고 싶어.
무지 달콤한 로맨틱 코미디 한 편,
그리고 아주 무서운 스릴러도 한 편 있으면 좋겠다.

그 사람이 잠이 들면 폭신한 이불을 어깨까지 덮어주고는
새벽 공기를 쐬러 밖으로 나갈 거야.
그 순간 내 코끝에 겨울 이슬이 떨어지고
이내 겨울 냄새가 나를 감싸면 가슴이 설레기 시작하겠지.

그렇게 그 사람이 눈을 뜨는 아침을 기다리는 일은 얼마나 행복할까.

나른한 오후 5시, 그때쯤 시작될 거야

○ 🎧 MC 스나이퍼_ *Gloomy Sunday*

진짜 부다페스트가 드러나는 시간.

3년 전, 가진 것 없이 떠나온 이곳에서 호스텔에서 주는 무료 굴라시를 배 터지게 먹고선 허겁지겁 국회의사당을 보러 뛰어나갔어요. 혹시나 불이 꺼져버릴까 급하게 에스컬레이터를 타고 올라가는데, 글쎄 눈앞에 어마어마한 광경이 펼쳐지는 거예요.

"세상에. 이렇게 반짝이는 건물이 다 있어?"

그 순간을 못 잊었나 봐요, 나는. 그 후로도 계속 마음속에서 부다페스트 밤의 잔상이 잊혀지지가 않았어요. 어두운 밤에 희미한 불빛만 봐도 자꾸만 그때의 바람이 그리운 거예요. 그 후로 시간이 흐르고, 그 밤을 매일 느낄 수 있다면 얼마나 좋을까 싶어 엄마와의 남은 시간을 부다페스트에서 보내기로 했어요. 생각만 해도 벌써 행복해지기 시작하네요.

4번과 6번 트램이 오가는 옥타곤역 앞에 집을 빌리고는 매일 저녁 똑같은 자리를 맴돌아요. 글루미 선데이를 들으며 세체니 다리를 건너고, 국회의사당을 한참을 말없이 바라보며 와인을 마셔요. 꽃을 좋아하는 엄마를 위해 집 앞 꽃집에서 예쁜 꽃을 사기도 하고, 한인 마트에서 라면을 잔뜩 사고선 다섯 살 아이처럼 행복해하기도 해요.

집으로 돌아가는 오후 6시가 되면 맥주 한 캔을 사 들고 세체니 다리를 건너야 해요. 이유는 저기 끝을 보면 알 수 있어요. 봐요! 어둠에도 제 색을 잃지 않는 노란 트램이 보여요. 여전히 참 예쁘네요.

나는 세체니 다리 끝을 정말 좋아해요. 건너편 국회의사당이 한눈에, 그리고 내 품에 들어오는 것만 같거든요. 그렇게 쭉 걸어가다 보면 부다페스트에서 가장 높은 언덕, 겔레르트 언덕으로 가는 버스를 탈 수 있는 곳이 나와요. 그땐 항상 달려가야 해요. 워낙 인기 많은 버스라 못 탈 수도 있거든요. 오늘 같은 가을밤에는 더욱이요.

꼬불길을 이 버스는 잘도 올라가네요. 3년 전과 비교하면 의자는 더해졌고, 기사님은 좀 더 젊어진 것 같아요. 이런저런 생각을 하다 보면 금방 종착지에 도착하고, 우린 조금 더 언덕을 걸어 올라가요.

휴, 다행히 아직 명당이 남아 있어요. 바로 부다페스트 전경을 모두 내려다볼 수 있는 자리요. 그곳에 앉았다면 이제 즐기기만 하면 돼요. 오늘 밤을 말이죠.

모든 연인들은 오늘이 마지막인 것처럼 서로를 바라보고, 혼자 온 이들은 이 오렌지색 외로움을 즐기고 있어요. 아이를 데려온 저 헝가리 부부는 매번 보는 이 야경이 질리지도 않나 봐요. 아빠는 아이를 꼭 안고, 엄마는 그 아빠의 허리를 손으로 감싸며 해가 지는 것을 기다리고 있네요.

자, 이제 해가 지기 시작해요. 불들이 하나씩 켜지기 시작하죠. 붉게 타오르는 노을에 발맞춰 이 도시는 이내 붉은 빛깔로 가득 차요. 눈을 감아도 이 눈부심은 없어지지 않아요.

시월에 부는 부다페스트의 바람은 조금 쌀쌀해요. 가져온 후드 점퍼의 지퍼를 목 끝까지 올리곤 조금 더 이 추위를 만끽하죠. 그렇게 맥주 한 캔을 비우며 3시간을 똑같은 자리에서 똑같은 곳을 바라봐요. 절대 질리지 않고, 질릴 수도 없는 저 풍경을 눈으로 다 담지 못해 마음 아파하기도 하면서 말이에요.

오후 9시. 막차가 끊기기 전에 집으로 돌아가요. 내려오는 순간까지도 눈을 감았다 뜨면 없어질 것 같은 지금을 바라보며 이 타오르는 도시의 뜨거움을 다시 한 번 가슴에 담죠.

여전히 난 부다페스트에서 잘 지내고 있어요.
가만히 있어도 빛나는 저들이 주는 붉은 사랑을 받으면서 말이에요.

인연일까 사랑일까

동생이 말했다.
스치면 인연, 스며들면 사랑이라고.

아무래도 난 이곳에 스며든 것 같아.

내 여행 속 사람들

여행이 끝난 후에도 시간은 흐른다.

그러니 그들이 살아가는 오늘의 일상도,

세상을 떠도는 나의 여행도 계속 흘러가겠지.

다만, 그 시절 우리가 너무 아름다웠음은 흘려보내지 않기로

우리는 헤어지는 날 약속했다.

기약 없는, 그 누구 하나 잃어버려도 이상하지 않을 그런 작은 약속.

잊지 말자고, 우리 혹 이름은 잊어버리더라도

함께한 이 순간은 잊지 말자고

두 손 꼭 잡고 이야기하면서.

우리는 그렇게 작은 약속으로 큰 이별을 견디고 있다.

그녀와 나의 작은 이야기

"엄마. 지금 하고 싶은 말이 뭐야?"

10월의 부다페스트. 고요히 반짝이는 세체니 다리 위에서 그녀의 눈물을 보았다. 늦은 오후의 가을바람은 우리의 머리카락을 살랑였고, 곁을 맴도는 오랜 추억의 향이 자꾸만 마음을 콕콕 쑤셨다.

홀로 두바이를 거쳐 인천행 비행기를 타야 하는 과정이 올해 60세가 된 그녀에겐 분명히 큰 과제일 텐데, 그럼에도 그녀는 씩씩하게 손을 흔들어보인다.

"엄마 간다! 굶지 말고, 아프지 말고. 원유리답게! 알지?"

눈물을 꾹 참았다. 내가 울면 엄마가 더 많이 울어버릴 걸 너무나도 잘 알기에. 그렇게 그녀는 내게 손을 흔들고, 뒤돌아서 눈물을 훔치며 게이트 안으로 멀리멀리 희미해졌다.

'엄마 안녕. 곧 봐. 건강하게 돌아가고. 나도 건강하게 돌아갈게.'

그녀의 두바이행 비행기가 뜨고 난 후 한 시간이 흘러서야 나는 걸터앉아 있던 의자에서 일어날 수 있었다. 수천 가지가 넘는 아득한 순간의 조각들을 끼워 맞추느라 조금 늦어버린 탓이다. 그렇게 집으로 돌아와 그녀가 머물렀던 침대에 누워, 아직 가시지 않은 그녀의 온도를 안았다.

그날 밤 세체니 다리 위에서 동생이 엄마에게 하고 싶은 말이 있냐고 물었었다. 엄마는 아무 말도 하지 않으셨고, 홀로 세체니 다리를 건너셨다. 그리고 엄마가 한국으로 돌아가기 전날 밤, 시계 뒤 숨겨져 있던 편지엔 엄마의 모든 이야기가 담겨 있었다.

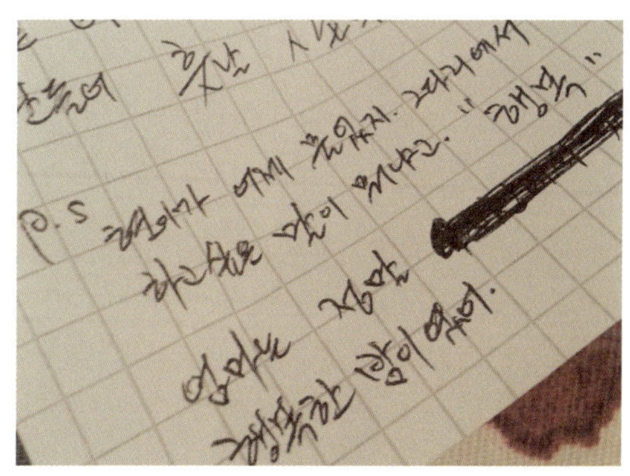

"현이가 어제 물었지. 그 다리에서 하고 싶은 말이 뭐냐고.
'행복'. 그 밤, 엄마는 정말 행복한 밤이었어."

햇살이 좋았던 오스트리아에서의 어느 날. 푸른 잔디 위를 뛰어다니는 그녀의 소녀 같은 모습에 나는 설렜고, 웃음이 났다. 지금쯤 그녀는 아마 나보다 더 묘한 감정을 느끼고 있겠지. 이제 배낭을 정리해야겠다. 그리곤 해가 밝으면 세르비아행 기차표를 사러 가야겠어. 이불에 다시 얼굴을 푹 떨어뜨렸다. 아직 남아 있는 엄마의 온기. 엄마가 샤워를 하고 나면 늘 났던 냄새, 엄마가 예쁘게 단장할 때 뿌리던 스프레이 냄새, 엄마가 좋아하는 캔들 냄새, 그 모든 것이 아직 남아 있다. 엄마의 흔적은 곧 엄마의 모든 것이었다. 이 따뜻한 이불과 엄마의 로션 냄새가 사라지지 않았으면 좋겠다. 영원히 내 곁에서.

그녀는 참 해맑았다. 마치 더운 여름날 긴 방학을 맞이한 소녀 같았달까. 내가 창문에 기대어 자는 동안 그녀는 계속 창밖을 바라봤고, 함께 길을 걷는 와중에도 그녀는 노래를 들었다. 우린 체온보다 좀 더 따뜻한 바람을 만났고 점점 웃는 날이 늘어났다. 그녀에게도 봄은 있었고, 그녀의 미소는 마치 백일홍처럼 수줍었다. '있잖아, 엄마. 나는 이 세상에 태어나서가 아니라 엄마의 딸로 태어나서 행복해. 오래오래 행복하자 우리. 엄마 사랑해요.'

- 2015년 가을, 내 일기 중.

우리들의 엄마에게

○ 🎧 제임스 영_ *I'll Be Good*

"엄마가 유리에게 참 고마운 이유는, 남들이 살지 않는 삶을 잘 살아가줘서. 그리고 엄마에게 새로운 세상이 있다는 걸 알려줬기 때문이야. 고맙다, 내 딸."

저는 언니가 태어난 이후 무려 10년 만에 태어난 둘째 딸입니다. 사랑을 많이 받고 자랐어요. 아침마다 밥을 해주는 엄마가 있는 건 당연한 일인 줄 알았고 오늘 내놓은 빨래는 내일 다 바싹 말라 있는 건 줄 알았어요.

네, 저는 철이 없었습니다. 가족사 없는 가정 어디 있겠냐마는, 힘든 와중에도 엄마가 내게 해주는 모든 것들이 당연한 것인 줄 알았습니다. 엄마가 술을 드시고 눈물 흘리는 것을 이해하지 못하고 왜 또 술을 마셨냐며 엄마의 전화를 그냥 끊어버리기도 했어요. 엄마의 긴 편지에 남사스럽다며 답장 한 번 안 했고, 사랑한다는 말 역시 낯부끄러워 절대 하지 않던 그런 딸이었습니다. 세계여행 한 번 가겠다고 8개월간 제대로 잠 못 자고 아르바이트를 했으면서도 월급 받고서 작은 선물 하나 사 드리지도 않았으니, 참 못났죠.

그렇게 시간이 흘러, 내 행복 한 번 찾아보겠다고 떠난 여행에서 알았습니다.

홀로 여행을 한 지 9개월이 넘었을 때쯤일까요. 오스트리아 다흐슈타인 산꼭대기에 올라보니 그제야 눈물이 났습니다. 내가 이 황홀한 광경을 볼 수 있는 것은 이 세상에 태어났기 때문이고, 내가 세상에 태어난 것은 우리 부모님이 나를 낳아주셨기 때문인데, 왜 나는 이리도 모질게 떠나오기만 했을까. 왜 그 흔한 전화조차 매일 하지 못했을까. 왜 나는, 그들에게 매일 뒷모습만 보여줬을까.

그때 알았어요. 엄마의 아침밥, 아빠의 목소리, 너무나도 당연하다고 생각했던 모든 것들은 어쩌면 너무나도 당연하지 않을 때 가장 아픈 것들이 될 수 있겠구나 하고요.

그 후, 부모님을 모시고 여행을 떠나야지 마음먹고 경비를 모으는 데까지 2년이라는 오랜 시간이 걸렸지만 괜찮았어요. 그저 엄마에게 제 여행을 보여드릴 생각에 무척이나 들떴거든요! 그렇게 40일 동안 25살 철없는 딸과 60살 소녀 같은 엄마는 최고의 여행 파트너가 되었답니다.

이 여행은 우리의 많은 것들을 바꿔 놓았어요. 오랫동안 우리의 숙제였던 것들을 하나둘씩 풀어나가기 시작했어요. 엄마와 밤마다 술 한잔 기울이며, 엄마의 젊은 시절 이야기를 들으면서, 나는 그제야 엄마를 이해할 수 있었어요. 엄마의 슬픈 청춘을요. 엄마가 왜 그렇게 울었어야만 했고, 엄마가 왜 나를 그렇게 강하게 키우려고 했었는지. 이 못난 딸은 26년이 흘러서야 엄마의 마음을 알아버렸어요.

우리는 처음 느껴보는 감정들도 많이 느꼈죠. 엄마는 성인이 된 저를 처음으로 안아주기도 했고, 저는 그렇게 어렵던 사랑한다는 말을 엄마에게 할 수 있게 됐어요. 엄마를 이해하게 되면서 우리는 조금 더 가까워졌어요. 엄마와 딸보단 딸과 딸로서, 여자와 여자로서 말이에요. 떠나지 않았다면 몰랐을 거예요. 엄마의 웃는 모습이 얼마나 예쁜지도 말이죠.

엄마는 한국으로 돌아오신 후, 아픈 무릎을 치료하며 다시 여행을 준비 중이에요. 소녀 같은 우리 엄마는 매일 저에게 물어보세요.

"유리야. 엄마도 파키스탄 가면 안 돼?"
"엄마 무릎 다 뿌사진다! 빨리 낫고 어디든 갑시다!"

그렇게 우리는 다음엔 어디로 떠날지 매일 행복한 꿈을 꾸며 살고 있습니다. 훗날 제가 엄마 나이쯤 됐을 때, 저도 딸과 함께 여행할 수 있는 날이 올까요.

묵묵하게

○ 🎧 더 스크립트_ *Hall Of Fame*

따지고 보니 지금 내게 잘하고 있다고,
멋있다고 이야기해주는 사람들 중 1/3은
손가락질과 야유를 보내던 사람들이었다.
그들은 누가 되었든 간에 잘되면 대단하다고 할 사람들.

그러니 나는 보여주면 되는 것이다.
내 길이 틀리지 않았음을.

그저 묵묵히 걸어가면 되는 것이다.

안녕, 세르비아?

○ 찰리 푸스_ *We Don't Talk Anymore*

발칸반도로 넘어왔다. 밤에 헝가리를 출발해 해가 떠서야 세르비아 베오그라드에 닿았다. 생각보다 깔끔했던 기차 의자 덕에 꽤나 달콤한 잠을 잤다. 기지개를 쫙 펴고선 풀었던 배낭을 다시 메고는 새로운 나라의 땅을 밟았다.

켁. 기대와 달리 내리자마자 진한 담배연기가 나를 반겼다. 기차 안, 기차역 밖, 기차역 내 모든 곳에서 담배연기가 마치 공기처럼 내게 스며들었다. 그리고 이내 눈에 들어오는 키릴문자 표지판은 이유 없이 나를 옥죄었다. 실은 처음 보는 문자에 조금 쫄았다. 신세계로 온 것만 같은 그런 이상한 기분이 든 탓이다.

날씨 참 세르비아스럽다. 비가 왔다가 그쳤다가 바람이 세게 불었다가 잠잠해졌다가, 그런 을씨년스러움이 잔뜩 묻어나는 이곳. 게다가 예상했던 바와 같이 차갑고 무뚝뚝한 세르비아 사람들은 나를 좀 더 긴장하게 만들었다.

영어가 잘 통하지 않는 탓에 멀리 갈 새도 없이 기차역 바로 앞의 작은 숙소를 잡았다. 여행객이 거의 없어 호스텔 통째로 나 혼자 사용하는 듯했다. 좋기도 한데 외로워서 싫은, 괜찮기도 한데 괜스레 겁이 나는 그런 이상한 느낌. 간간이 보이는 키가 멀대만 한 남자 한 명이 호스텔 라운지에서 계속해서 담배를 피워대는데, 청소하는 아주머니께서 제지 한 번 하지 않으시기에 도대체 여기는 어떤 나라일까 싶었다.

답답한 담배연기를 피해 나온 바깥세상은 마치 70년대 같다. 옛 할리우드 영화에서나 볼 수 있을 법한 술집들이 존재했고, 물가는 서유럽에선 상상도 할 수 없을 정도의 수준이다. 공원엔 각국의 난민들이 넘어와 그들의 이불로 보이는 무언가가 잔뜩 널브러져 있었고, 까마귀와 비둘기가 공존하는 어두운 하늘 밑으론 폭격으로 바스라진 건물만이 힘겹게 서 있을 뿐이다.

괜히 나갔다가 더 우울해질 것만 같기에 숙소로 돌아왔다. 여전히 그 멀대 같은 남자는 연신 담배를 피워댄다. 우울함과 이 담배연기를 수면제 삼아 잠을 청했다.

다음 날, 어제보다 한층 밝아진 날씨에 조금 기분이 좋아졌다. 밖을 나가보니 햇살이 너무 따스하다. 죽어갈 것만 같던 도시가 살아났다. 어제는 보이지 않던 길거리의 웃는 사람들이 늘어났다. 숙소 1층에서 파는 1500원짜리 케밥은 너무 맛있었고, 직원들은 연신 불

편한 것은 없냐고 물었다. 어디서 왔냐고, 세르비아 좋다고, 만나서
반갑다고, 케밥이 입에 들어갈 새도 없을 정도의 친절함을 보였다.

잔뜩 기분이 좋아져 걷기 시작했다. 40분쯤 걸었더니, 또 다른 세계
가 나타났다. 어제 본 그 낯선 도시는 어디로 숨어버린 거지?

꽤나 모던하게 보이는 백화점과 거리에 즐비한 세련된 카페와 바,
그리고 오후의 여유로움을 즐기는 세르비아인들. 브런치를 즐겨 먹
고, 설탕 커피에 잔뜩 빠져 있는 모습이었다. 베오그라드를 둘러싼
사바강이 내려다보이는 칼레메그단 요새에는 평화로움만이 흐를
뿐이다. 조용한 뭉게구름과 재잘대며 뛰어노는 세르비아 아이들의
속삭임은 잔뜩 얼어 있던 나를 녹이기 시작한다.

'발칸은 듣던 것만큼 무서운 곳이 아니었어. 그래, 쫄지 말자.'

역시 이곳에도 웃음은 존재했고 따뜻함이 흘렀다.
여행은 마음먹기에 달렸다는 말, 다시 한 번 고개를 끄덕인다.
앞으로 두 달간 함께하게 될 발칸반도의 시작이 좋다.

그 남자의 광(光)

"아, 어디선가 많이 맡아본 냄새인 것 같아."

비가 내려 축축하게 젖은 돌길 위로 오랜만에 애틋한 감정이 올라온다. 겨울 냄새로 가득 찬 광장 속, 이 도시가 흘러온 시간을 타고 옅게 퍼져 있는 희미한 시샤 냄새. 우산을 쓴 사람들의 발자국 소리. 코끝이 시려오는 차가운 공기. 사라예보는 꼭 내가 좋아하는 네팔의 박타푸르와 조지아 트빌리시를 닮아 있었다.

세르비아에서 느끼지 못했던 애틋한 이 감정에 빠져 잠시 현실을 망각하고 있을 때쯤, 차가운 빗방울이 내 콧등 위로 떨어졌다. 아, 새벽 두 시. 감정을 느끼기에 실로 아주 위험한 시간. 부정할 수 없는 진한 어둠이 깔린 이 거리엔 아기 고양이의 울음소리만이 들릴 뿐이었다. 어렵사리 예약한 평점 9점대짜리 호스텔은 도무지 어디에 있는 건지. 아아, 이렇게 또다시 새벽 두 시의 숙소 찾기 숨바꼭질이 시작됐다.

"9점대는 개뿔! 이렇게 어려운 위치에 있는데 도대체 왜 이렇게 평점이 높은 거야"라고 투덜투덜 투정을 부리며 이대로는 안 될 것 같아 가로등 불빛이 내리쬐는 슈퍼 앞에 멈춰 섰다. 어떻게든 와이파이를 잡기 위해 이리저리 찾아 헤매는데, 저 반대편에서 옅은 라이트를 켠 차 한 대가 오더니 한 남자가 내렸다.

무섭다. 정말이지 너무 무섭다. 문에 숨어 지켜보니 딱 내 키의 세 배만 한 사람이다. 그가 내 쪽을 향해 걸어왔다. 인상착의를 보아 하니 어깨는 내 두 배쯤, 신발은 내 발 네 개를 붙여 놓은 사이즈. 그리고 비를 많이 맞은 듯 가로등 아래 반짝이고 있는 대머리. 인상은 그리 나쁘지 않았지만 이 깜깜한 새벽에 덩치가 너무나도 큰 남자에게 도움을 요청하는 일이란 제 발로 호랑이 소굴로 들어가는 느낌이었기 때문에 그가 지나가기만을 숨죽여 기다렸다. 하지만 그는 계속 내 쪽으로 다가왔고, 눈을 질끈 감고는 소리칠까 고민하는 찰나 그가 입을 열었다.

"율리?"

분명 그에게서 내 이름이 들렸다. 저 남자가 어떻게 내 이름을 알지. 오늘 처음 온 이 나라에서 처음 본 남자가 어떻게 내 이름을 아는 거지. 별별 생각이 다 드는데, 이내 그가 내 이름을 다시 말하곤 배시시 웃었다. 그제서야 다리에 힘이 풀렸다. 그렇다. 그는 바로 내가 예약한 호스텔 주인이었던 것이다. 도착 예정 시간까지 내가 도착하질

않자 걱정이 되어 차를 타고 사라예보 올드타운을 돌아다녔다고 했다. 차를 세워두고 좁은 골목들을 오래도 돌아다녔는지 그의 머리는 여전히 빗방울로 인해 반짝이고 있었다.

살았다. 오늘도 이렇게 위기를 탈출하는구나. 마치 나를 구해준 생명의 은인 같아 연신 "Thank you"를 외치고는 그의 뒤를 쫄래쫄래 따라갔다. 내 무거운 배낭을 한 손에 들어준 그가 멋있어 보이기까지 한다.

그렇게 도착한 호스텔. 큰 열쇠로 골목 한 어귀의 대문을 여니 상처 하나 나지 않은 갓 페인트칠 된 방문들이 나를 맞이했다. 새하얗고, 고요했다. 조금은 쌀쌀했던 올드타운의 바깥 공기와는 달리, 방 안의 따뜻한 온기와 새로 들인 가구 냄새가 나를 편안하게 만들었다. 섬유유연제 향이 물씬 풍기는 하얀 이불과 수건은 마치 아주 오랜만에 집으로 돌아온 것만 같은 느낌을 줬다.

'그래, 역시 9점대야. 아니 여긴 100점 만점이야!'

불편한 것이 있으면 언제든 말하라고, 집처럼 편히 쉬어가라고, 추우면 담요를 가져다주고 배가 고프면 끼니 때울 것을 주겠다는 그 덩치 큰 남자의 배려는 하루의 노고를 발끝까지 내려놓게 만들었다. 배낭을 풀자마자 침대로 뛰어들었다. 그리고 이내, 그의 마음처럼 따뜻하게 데워진 침대 위에서 눈을 감았다.

비 오는 새벽, 한국이라는 작은 나라에서 온 작은 여자아이를 찾아
다니던 호스텔 주인의 마음은 아마 아빠의 마음과도 같았을까. 그
남자는 참 따뜻한 사람 같았다. 그의 빛나는 머리는 보석 같고, 내
가 덮고 있는 이 새하얀 이불은 그 남자의 새하얀 피부를 닮은 것
만 같다.

그렇게 오늘도 수고했다 나를 토닥이며 잠이 든다.

거리의 노동자

사라예보의 한 거리에서 한 커플이
동생 가방에 손을 넣고 있기에 물었다.

"너희 지금 뭐해?"
"뭐하긴? 일하지."

어휴, 대단한 녀석들.

TESTE OS
OLHOS DOS
SEUS FILHOS
OURO
OURO
J.COSTA
CABELEIREIRO

언니는 사라예보를 좋아할 거예요

"언니는 사라예보를 좋아할 거예요."
며칠 전 미경이가 내게 한 말이다.

볼 것 없고 할 것 없기로 유명했던 보스니아 헤르체고비나. 허나 그 누구 하나 지긋한 관심을 주지 않는 이 사라예보라는 낯선 땅으로부터 전해진 향은 그 어느 곳보다 진하게 풍겨왔다. 매일 같이 비가 내렸고, 축축하고 꿉꿉한 날들이 계속됐다. 허나 아무도 건들지 않은 먼지 쌓인 커튼 같은 이 사라예보를 조금만 걷어내면 아주 화창한 하늘을 볼 수 있을 것만 같았기에, 마음속으로 맑은 사라예보를 기대하며 조금 더 이 비 오는 곳에 머물기로 했다.

안개의 냄새가 궁금하다면 사라예보의 아침을 걸어보면 그 향을 맡을 수가 있고, 비가 사그라드는 과정의 이야기가 궁금하다면 사라예보의 해 질 녘을 바라보면 된다. 그렇게 나는 오래 이곳에 머물며 발길 닿는 곳곳에 숨겨져 있는 사라예보의 빛나는 많은 것들을 알

아가고 있었다.

어떤 나라가 좋았었고, 어느 도시가 최고였는지 묻는다면 그 모든 것은 내 마음에 달려 있었노라 말하고 싶다. 언제나 그 나라에 대한 애정의 깊이를 정하는 것은 좋은 날씨도, 따뜻한 계절도, 유명한 랜드마크도 아닌 내 마음속에 있는 것들이었다.

화창한 사라예보의 아침보다 비가 내려 도로에 안개가 가득 내려앉은 아침이 더 좋았던 이유였겠고, 관광객들로 북적이는 유명 랜드마크가 아닌 길거리 싸구려 커피를 파는 8살짜리 소년의 미소가 내가 이곳에 더 빠져든 이유였겠다.

정교회와 모스크, 그리고 성당이 어우러진 어둠과 밝음이 공존하는 이 도시. 제1차 세계대전의 공포와 아픔을 마음에 묻은 채 이들은 누구보다 활기차고 그 어느 곳보다 여유롭게 살아가고 있었다.

미경이의 말이 맞았다.
응, 나 사라예보가 참 좋아졌어.

점점 빠져들어

어느 순간부턴가 느린 여행을 좋아하게 됐다. 시간에 쫓기지 않고, 느리지만 조금 더 깊은 여행을 하는 것. 골목골목과 그 안에 사는 사람들을 만나고, 나만의 비밀 장소를 찾아다니며, 아무도 모르게 숨어 있는 맛있는 식당을 알아가는 여행. 마치 오래 살아온 듯한 향내가 나는 그런 것들.

보스니아에 머문 지 열흘째 되던 날, 한 친구가 내게 "보스니아에 볼게 뭐가 있다고 열흘이나 있어?"라고 물어보기에 "맛있는 게 너무 많아서 다 먹고 가려고"라고 답했다.

공기 좋고 바람 좋고 멈춰 서 하늘을 올려다보기 참 좋아 꽤나 오랫동안 쉬어 가고 싶은 곳. 오늘은 정말 오랜만에 화장을 했고, 웃는 모습이 백만 불짜리인 꼬마 아이가 담긴 예쁜 사진도 찍었다. 내일은 일어나자마자 터키시 커피와 로쿰이 제일로 맛난 커피 집에 달려가

모레는 무엇을 할지 생각해볼 예정이다.

많은 사람들이 그저 스쳐 지나가지 않았으면 좋겠다. 오래 머물지
않으면 알 수 없는 그런 것들이 우리가 닿은 이곳에 너무 많이 존
재한다.

그러니,
욕심 내지 않고 천천히
진짜 당신이 닿은 그곳에 빠져들라.

가끔은 외로워도 괜찮아

좋은 꿈을 꾸고 싶다.

아침에 일어나면 내니 맥피가 마법이라도 부린 듯

푸른 하늘이 나를 찾아왔으면 좋겠다.

그리곤 내게 묻은 모든 설움이 바스라지도록 꽉 안아주면 좋겠다.

괜찮다고. 가끔은 외로워도 괜찮다고.

지독한 외로움에 지쳐 있는 나를 토닥여주면 좋겠다.

SILVA
TAVERNA
COVACI

구름 위, 잡초처럼

○ 🎧바비 레이_ *Nothin' On You*

실은 요즘 구름 위에 삽니다. 10월의 세븐레이크는 생각보다 별게 없네요. 아, 물론 히치하이킹 연속 실패는 덤이고요. 베드버그도 또 물렸어요! 생각보다 조금 더 춥고, 외롭고 그래요.

요즘은 "우와! 멋있다!" 하는 장소보다 "저게 뭐지?" 하고 눈길을 끌게 하는 작은 것들에 더 관심이 가요. 일곱 개의 호수를 찾아 어렵사리 산을 올랐던 것보다, 오르다 숨이 찰 때쯤 구름 옆에서 나란히 흔들리는 빛바랜 잡초들을 볼 때 더 가슴이 뜨거워진 것처럼 말이에요.

아마도 자연 앞에 한없이 작아지는 나라는 존재와 똑 닮아서일까요. 둘 다 흔들리면서 조금씩 더 단단해지고 있잖아요. 푸르렀던 잡초가 빛바랜 갈색이 되기까지 추운 바람에 많이도 외로웠을 텐데 잘 이겨내어 저렇게 예쁜 빛을 발하고 있는 걸 보니, 참 기특해요.

저 또한 이 흔들림에 더 단단해져 예쁜 빛을 발하는 사람이 될래요.

평생 행복할 것

○ 🎧 더 스크립트_ *Breakeven*

맞아.
평생 여행만 하고 살 수는 없다는 거, 맞는 말이야.
나이가 먹으면 먹을수록 더 맞는 말인 것을 알게 돼.

그러니 이 여행이 끝나고 다시 일상으로 돌아가더라도
여행하는 마음으로 지금을 살아가든
다시 떠날 마음으로 하루를 이겨내든
그렇게 열심히 살아야겠어.

그 마음만으로 행복할 거야.
여행 때문에, 행복할 거야 나는.

소주 한 잔

가끔 그런 생각이 든다.

"캬! 육회에 소주 한 잔, 최고다."
"그래, 이게 행복이지. 어디 행복이 따로 있나."

마치 세상만사 불어오는 폭풍 다 막아낸 우산처럼

정말 그렇게 가까이 있는 행복에 감사하며 살아가면 좋으련만.

인생은 퍼즐 같은 거야

"인생은 마치 퍼즐 같은 거야."
내가 만난 다섯 번째 카우치 서핑 호스트의 말이다.

자킨토스는 내 꿈의 섬이었다. 오랜 시간 이곳에 가려고 하루하루 고대하며 살아왔을 만큼 나를 가슴 떨리게 하는 곳이 있었다. 지구에서 가장 아름답다는 그 해변, 바로 '나바기오 해변'이었다.

버스를 타고 배를 타고 또 버스를 타고 찾아온 이곳에서 나를 반겨준 것은 바로 정적, 아무것도 없는 도로뿐이었다. 그리스의 10월, 그 더운 땡볕에 40분(체감 시간 40시간)을 걸어 어렵사리 찾아온 호스트네 식당에 짐을 내려놓고선 한숨을 돌렸다.

"그래도 나 드디어 왔어! 빨리 나바기오 해변으로 달려가고 싶어!"

나는 이오니아 제도를 돌며 그리스의 숨어 있는 섬들을 여행하고 싶

었고 그중 으뜸이라는 자킨토스를 찾은 것이었다. 그러니 그 무엇이 더 필요할까. 더 이상 복잡한 계획이나 일정 따위는 필요 없었다. 그저 푸른빛의 바다로 풍덩 뛰어들면 그뿐이었다.

허나, 내가 망각하고 있던 것 한 가지는 바로 이 더위와 상관없는 그리스의 시즌이었다. 그랬다. 자킨토스 10월은 비수기였던 것이다. 열려 있는 모든 여행사를 방문했지만 퇴짜를 맞을 뿐이었다. 웹 사이트를 통해 스무 곳이 넘는 여행사에 메일을 보냈다. 심장이 떨렸다. 설마 여기까지 왔는데 그 흔한 바다 하나 못 볼까봐 말이다. 허나 나의 무지로 인한 실수였기에 그 누구를 탓할 수도 없었다. 그렇게 망연자실하고 있는데, 한 개의 여행사에서 긍정적인 답변이 왔다. 날씨가 좋으면 프라이빗 투어라도 가능하니 다음 날 아침 항구로 오라는 회신이었다.

아, 역시 신은 나를 버리지 않았어.

내일 날씨가 정말 좋기를 바랐다. 맑고 파랗기를, 오늘처럼 구름 한 점 없기를 기도했다.

다음 날 아침 눈을 떴을 때 바람은 솔솔 불었고 하늘은 어제보다 더 파랬다. 정말이지 너무 행복했다. 바람이 귓가를 살살 간질이며 어서 투어를 하러 가자고 내 손을 이끌었다. 여느 날보다 달콤한 바람의 향기는 내 입가 미소 위에 살며시 자리 잡았다. 호스트가 가게를

오픈하기 전 항구까지 태워준다기에 오랜만에 비비크림도 바르고 입술엔 분홍색 립스틱까지 바르고는 차 앞에서 꽃단장에 정신이 팔려 있는데, 차 유리에 비치는 그가 슬픈 눈을 하고 내게 다가온다. 언제나 불안한 직감은 나를 피해가지 않는다.

파도가 심해 오늘 투어를 할 수 없다는 통보를 받았다. 오히려 미안하다는 호스트와 어린 마음에 아쉬운 감정을 모두 미간 주름에 나타내는 나. 그렇게 파도가 밉긴 처음이었다. 죽도록 파란 하늘이 오늘은 너무나도 원망스러웠다. 괜찮다고 괜찮다고, 수백 번 이럴 수 있다고 나를 위로해도 괜찮지 않은 것이 내 미간 주름에 쓰여 있기라도 한 건지 그는 나에게 잠시만 기다리라 하곤 이내 차키를 들고 나왔다. 보여줄 것이 있다고, 가보면 안다며 입이 삐죽 튀어나온 아이 같은 나를 달래듯 차에 태웠다. 마치 인형이 사고 싶어 투정부리는 여섯 살의 나를 "저쪽에 더 예쁜 인형이 있어! 그러니 우리 저기로 가보자!"라며 달래던 우리 엄마처럼.

그렇게 파란 하늘 밑 아지랑이가 피어나는 어지러운 도로를 우리는 달려가기 시작했다. 나는 그저 말없이 유리창에 비춰진 햇살의 눈부심에 울렁거리는 마음을 부여잡았다. 그렇지 않으면 누가 툭 하고 건들기만 해도 눈물이 터져버릴 것 같았기 때문이다. 그렇게 한 시간쯤 달렸을까. 어느 이름 모를 산 위에 그는 차를 세웠다. 그리고 아픈 무릎을 부여잡고는 험한 돌길을 올랐다. 도대체 이 돌길에서 무엇을 얻을 수 있을까. 아무리 하늘과 가까운 이 산 위의 바람이 달

콤하다 한들 내 마음은 위로받지 못할 것 같은데…. 기필코 가장 날씨 좋은 여름날 다시 오리라 다짐하고 있을 때쯤 걷고 있던 절벽 아래가 빛나기 시작했다.

순간 스치듯 생각했다. 이곳이 설마? 눈을 옆으로 돌리는 순간, 소리를 지르지 않을 수 없었다.

'아, 이건 미쳤어. 말도 안 돼, 이건. 정말 진짜 말도 안 된다. 살아 있길 잘했어. 이곳에 오길 잘했어. 태어나길 잘했어.'

분명 그곳이었다. 머릿속으로만 꿈꾸던 곳. 자킨토스가 한눈에 보이는 숨겨진 전망대. 차가 없으면 절대 올라가볼 수 없는, 나 같은 배낭여행자들은 좀처럼 보기 힘들다는 그곳이었다. 아아, 모든 가슴의 노여움이 거짓말처럼 녹아내렸다. 태어나서 한 번도 본 적 없는 그런 색, 아니 그런 말로는 표현할 수 없는 빛과도 같은 곳이었다.

시간은 오전 10시. 햇살이 더 강하게 비치기 시작하고, 그림자가 드리운 나바기오 해변은 미친 듯이 나를 유혹했다. 내 눈 아래 저 바다의 영롱함과 황홀함이 나를 미치게 만들었다. 바람은 거칠었고 겨울 햇살은 따사로웠다. '바람이 불어 여기서 떨어진다면, 난 세상 가장 아름다운 곳에서 죽는 걸까'라는 생각이 들 정도로 말이다.

그때, 한없이 감탄을 하고 있는 나를 먼발치에 서서 흐뭇하게 바라보고 있는 호스트가 눈에 들어왔다. 아차, 순간 조금 부끄러워졌다. 아이 같은 어리광을 실컷 부리고 나서야 알게 된 내 민낯에 모든 것을 다 들켜버린 기분이었다. 그가 웃는 모습에 부끄러웠고 또 너무 고마웠다. '내가 뭐라고 이런 호의를 받아도 될까'라는 생각은 울렁거리던 마음을 더 울렁거리게 했다. 이 울렁거림이 좋아서가 아니라 미안하고 고마워서임을, 그런 감정임을 나도 잘 알 수 있었다.

해가 뉘엿뉘엿 정오를 알릴 때쯤, 우리는 산 밑으로 내려왔다. 빛나는 이 섬의 잔상을 가슴 깊은 곳에 묻으면서 말이다. 내려가는 발길이 아쉬워 자꾸 돌아보고 또 돌아보고…. '다시 올 수 있을까' 하는 아쉬움과 다시 와야 하는 이유를 백 가지쯤은 나열하면서 호스트의 차에 올랐다. 그리고 집으로 돌아가는 길, 그가 내게 말했다.

"인생은 퍼즐과도 같아서 제대로 맞출 때도 있고 또 제대로 맞추지 못하는 순간도 있단다. 그러니 잘못 끼웠다면 다시 맞춰 가면 되는 거야. 그렇게 한 피스 한 피스 잘 맞춰 가면서 또는 틀리기도 하면서 살아가는 거야. 예쁘지 않은 이야기일지라도 삶을 그곳에 담아가면서 우리는 그렇게 퍼즐을 완성해가는 거지. 그리고 퍼즐이 완성이 됐을 때 네 마음에 든다면 그건 정말 잘 살아온 거고 말이야. 아쉽게 해변에 뛰어들진 못했지만 해변을 품을 수는 있었으니 우리는 오늘 또 하나의 퍼즐을 잘 끼운 셈이야, 그렇지? 화이팅 유리!"

맞다. 그의 말이 맞았다. 언제나 원하는 것을 다 이룰 수는 없는 법.

정말이지 진심으로 그의 퍼즐 이야기는 오랜 시간 내 가슴에 남을 것이다. 그 어떤 잘난 사람이 인생을 무언가에 비유한다 하더라도, 나는 이 이야기를 오래도록 잊지 않을 것이다. 아니, 잃지 않을 것이다. 퍼즐 이야기를 생각했을 때 빛나는 자킨토스가 떠오르는 것처럼, 내 삶을 생각했을 때 내게 이런 말을 해준 그가 떠오를 테니 말이다.

앞으로도 인생을 살아감에 있어 퍼즐 하나가 어긋난다고 해서 퍼즐 전체를 망치지는 말아야겠다 다짐했다. 한 피스가 잘못 끼어졌다고 해서 내 인생이 끝나는 건 아니니까. 조금 더 큰 그림이 그려진 퍼즐들이 자리를 잡을 테고 결국에 내 퍼즐은 잘 완성될 걸 아니까.

그래, 앞으로 더 크게 보아야겠다. 오늘 우울한 일이 있다고 해서 내일도 우울한 건 아니니까. 결국에 내 퍼즐은 내가 맞추어 가는 거니까!

나랑 산토리니 갈래?

한참을 뒤를 돌아, 나는 오래도록 그 골목 어귀에 서 있었다. 잠시 세상이 멈춘 것처럼, 잠시 이 시간이 흐르지 않는 것처럼.

어느덧 밤이 내리고 새하얀 집 위로 하나둘씩 작은 백열등이 켜진다. 고요한 밤, 그리고 노란 불빛의 속삭임들. 그렇게 산토리니에도 예쁜 밤이 찾아왔다.

해가 지는 순간부터 모든 레스토랑은 우릴 유혹하기 시작한다. 정돈된 테이블 위 흔들리는 촛불 하나, 귀를 녹이는 달콤한 팝송부터 밤하늘에 속삭이는 섹시한 재즈까지. 마치 이날의 분위기는, 그래 뭐랄까. 엄청 내 타입의 남성이 "거기 눈이 예쁜 아가씨! 이 분위기 안 느껴볼 거야? 한 번 들어와 봐~ 후회 안 할 건데, 절대?"라고 소리치는 듯한, 그러면 당장 "네! 그래야죠!" 하고 따라 들어갈 법한, 마치 그런 매혹적인 상황의 분위기 같았다. 즉, 나는 이곳에 완전히 빠져들었다는 말.

저렴한 예산의 배낭여행자 신분으로 그 분위기를 온전히 맛볼 수는 없었지만 나는 그저 레스토랑 안 사람들의 이야기 소리만 들어도 웃음이 났으니 충분한 행복을 맛본 셈이다.

한참을 뒤를 돌아, 나는 오래도록 그 골목 어귀에 서 있었다. 잠시 세상이 멈춘 것처럼, 잠시 이 시간이 흐르지 않는 것처럼.

그저 꿈을 이루었으므로. 밤에 눈을 감아야만 만날 수 있었던 그 광경이 눈을 뜨니 나와 마주하고 있었으므로.

꽃아, 너는 왜

○ 🎧 레이첼 야마가타_ *Duet*

내가 나이를 먹는 걸까, 아니면 봄을 타는 걸까. 어릴 적엔 꽃은 꽃인가 보다 했던 내가 어느 순간부터인가 꽃을 보면 기분이 좋아지기 시작했다. 어두운 밤에도 이렇게 빛을 내고 있는 붉은 꽃들이 기특하기만 하다.

봄이 내린 밤이고, 이 밤에 내린 봄이다.

밝은 오후, 지나치는 걸음에는 보이지 않았을 저 붉은 꽃이 유독 눈에 띄는 새벽 1시. 꽃이 지고 피는 것이 빠르다 한들, 꽃이 시들하다 하여 그 꽃이 못났다고 할 수 있는가. 봄에 피어오르려고, 봄볕에 제 몸 한 번 비춰보려고 기나긴 겨울 시간 죽지 않고 추위 견뎌내며 비로소 피어오른, 이 이름마저 예쁜 꽃인데 말이다.

그토록 그리던 봄을 보려고, 봄에 피어난 꽃은 그래서 이렇게 아름다운가 보다. 낮은 따스하고 밤은 여전히 쌀쌀한 봄이 오려는 지금,

이 밤에 핀 꽃이 너무나도 아름다운 이유는 그래서였나 보다.

마치 여행을 그토록 꿈꾸던 내가 진짜 여행을 하고 있을 때에 진짜 아름다워 보이는 것처럼, 추운 겨울을 이겨낸 이 봄꽃이 아름다운 이유도 그래서였나 보다.

아아, 나도 봄에 피어오르는 꽃 같은 사람이 되고 싶다. 어느 꽃이든, 추운 겨울 더 단단해져 봄볕을 향유하는 그런 꽃이 되고 싶다.

우산 챙겨요

○ 🎧 패신저_ *Let Her Go*

오늘은 날씨가 딱 런던 같다.

툭 하고 건들면 바로 눈물을 쏟아버릴 것 같은 사람처럼.

그런 위태한 사랑을 하고 있는 사람처럼.

슬럼프는 참 쉽다

○ 🎧 알로에 블라크_ *The Man*

오래도 쉬었다. 날씨 운이 너무나 없어, 매일 같이 비만 내렸다. 푸르러야 하는 저 넓은 대지의 해바라기는 모두 고개를 숙였고, 일어나면 하늘부터 보러 달려가던 내 모습도 찾을 수 없었다. 여행을 떠나온 지 꽤나 오랜 시간이 지났고, 그토록 여행을 꿈꾸던 아이 같은 내 모습도 점점 사라져갔다. 따뜻한 옷이라곤 보스니아에서 산 이 후드 집업 하나뿐인데 쌀쌀한 겨울은 참 빨리도 다가온다.

여행을 하다 보면 슬럼프가 오기 마련이다. 봐도 똑같고, 해도 똑같고, 먹어도 똑같은 그런 순간에. 뭔가 색다른 것이 끊임없이 나와야 하는데 그렇지 않은 순간들이 지속될 때에. 허나 더 슬픈 것은 여행이 삶이 되고 삶이 여행이 되는, 브레이크 없는 유랑을 동경하며 달려온 내가 이 상황이 얼마나 소중한 것인지 잃어버리고 있다는 것을 깨닫는 순간이었다.

어젠 배낭 구석탱이에서 작년 네팔에서 영도가 준 핫팩 하나를 발견했다. '이거 아마 고장(?) 났을 거야'라는 생각을 하며 핫팩을 뜯었는데 아니나 다를까 더 이상 따뜻해지지 않는다. '핫팩도 유통기한이 있구나' 하며 후드 주머니에 던져버렸다.

오늘도 평소와 똑같이 눈을 뜨고 세수를 했다. 그리곤 거울을 보는데 아니 이게 웬걸, 퉁퉁 부은 얼굴 위에 주근깨가 수도 없이 늘었다. 어두워진 피부 톤과 거칠어진 살결, 그리고 잔뜩 늘어난 볼살과 그 위로 축 처진 눈매. 금빛 머리색은 어느덧 검은색으로 가득 차버렸다. 여행을 떠나올 때와는 사뭇 다른 원유리가 서 있었다.

아, 어쩌면 핫팩의 유통기한이 짧았던 것이 아니라 시간이 그만큼 흐른 것은 아닐까. 간절하던 여행이 일상처럼 익숙해질 만큼. "에펠탑 밑에서 꼭 사진을 찍을 거예요!"라고 이야기하던 22살 싱그러운 내가 "파키스탄 훈자마을에 가서 한 달 내내 책만 읽고 싶다"고 이야기할 만큼. 딱 그만큼의 오랜 시간이 흐른 것은 아닐까. 그렇기에 벌써 가을이 지나 겨울이 왔고, 겨울이 왔으니 춥고 흐릴 수밖에. 날씨 운이 없는 게 아니라 그저 이 계절의 당연한 이치일 뿐이었고, 주근깨가 미울 정도로 많이 생겨버린 것이 아니라 지난 내 여행의 귀한 산물과도 같은 것이었다.

그토록 간절하던 오늘이었잖아. 어떤 일이 있어도 한바탕 울어버리고 다시 일어서면 그만이라고, 스스로 나를 위로하면서 힘든 과정을 겪어내면 조금 더 어른이 될 거라고 그렇게 견뎌왔잖아.

그래, 세상 어디를 가든 일상과 일탈은 존재하는 것이었다. 일상이 있기에 일탈이 소중해지는 법이었고, 일탈이 있기에 돌아올 일상이 그리워지는 것이었다. 나는 이 속에서 또 다른 일상과 일탈을 찾아야 했던 것이다.

비가 3주 동안이나 내리도록 한 번도 카메라를 든 적이 없을 만큼 쉬어 갔으니, 건조한 내 얼굴 이내 활짝 웃어보며 이 일상을 다시 즐겨봐야겠다고 마음을 다잡는다. 비가 온다고 어깨가 비에 젖는 걸 두려워하는 사람도 아니니까! 신기하게도 어젯밤 주머니에 넣어 놓은 핫팩이 제 기능을 발휘하고, 나 또한 다시 뜨거워졌다.

참으로 신기하지. 거울 한 번 봤을 뿐인데 나는 다시 새 출발을 다짐하고 있었다. 아무렇지 않은 순간에 슬럼프가 찾아오는 것처럼, 정말 아무렇지도 않은 순간에 슬럼프를 극복할 수도 있는 것이었다.

그렇게 다시 한 번, 일어서는 법을 배웠다.

행복

진정한 불행은 '행복하지 않다'가 아니라

자신에게 주어진 행복에게 눈길도 주지 않는 것이다.

새벽 4시에 쓰는 긴 일기 : 조지아 커피 말고

루마니아 부쿠레슈티. 오래도록 이어져 온 비가 그치고 온 세상이 푸르다. 지쳐 있는 등을 토닥여주듯 햇살이 나를 비추고, 나는 다시 용기 내어 새로운 세상으로 손을 내밀었다.

몇 달간 매일 같이 내리는 비에 이곳에 계속 머물다가는 마음에마저 홍수가 날 것 같았기에 발칸반도를 이만 떠나야겠다고 결심했다. 그리곤 두 시간도 안 되어 조지아 카즈베기로 향하는 비행기 표를 샀다. 24시간이 아름답다는 바로 그곳, 조지아 카즈베기. 더 이상의 이유는 없었다. 그냥 내 모든 설움을 내려놓을 수 있는 곳이면 되었기에.

1. 오후 2시

11월 카즈베기의 이른 오후는 황량했다. 외롭고 쓸쓸했다. 찾는 이가 성수기의 반의반도 되지 않았고 길거리엔 소와 양떼, 그리고 집을 잃은 강아지들이 다였다. 모두가 제자리를 찾지 못하고 고독만이 흐르는 듯했다. 허나 녹색으로 만발한 푸른 카즈베기가 잠이 들었다 한들, 새하얀 눈으로 덮인 순백의 코카서스가 아직 제 모습을 보이지 않았다 한들, 그 늠름한 풍채가 어디 가겠는가.

갓 내린 커피처럼 쌉쌀한 갈색 대지 위로 퍼져 흐르는 카즈베기의 향은 짙었다. 처음 맡아본 계절의 냄새였지만, 분명히 알 수 있었다.

숙소를 잡았다. 아침과 저녁을 주는 조지아 현지인의 민박집으로 갔다. 이름은 캐티노. 민박집 주인 아주머니의 이름도 캐티노. 그녀는 마치 카즈베기처럼 풍채가 좋았다. 엄마 같은 듬직함과 아이 같은 소녀스러움이 묻어 있는 사람이었다. 웃을 땐 한없이 아이 같다가도, 뭔가를 부탁하면 뭐든지 척척 해결해주는 해결사 같기도 했다. 게다가 자기 전엔 아침밥을 기다리고 자고 나면 저녁밥을 기다릴 만큼 요리를 잘하기도 했다.

하지만 그녀가 차려주는 밥상 앞에선 늘 눈물이 났다. 자꾸만 엄마 생각이 나서, 그래서 엄마에 대한 그리움이 멈추지 않았기 때문이다. 여행을 하다 보면 가끔 눈물이 차오를 때가 있는데 그때마다 가장 나를 슬프게 했던 건 바로 엄마에 대한 그리움이었다. 엄마의 향기가 나거나, 엄마의 소리가 들리던 그런 여행지가 있는데 카즈베기의 캐티노 집도 그랬다. 그녀가 주는 저녁 식탁 앞에선 엄마의 소리가 났고, 2층 침대에 깔린 이불에서는 엄마의 향기가 났다. "유리야, 저녁"이라며 금방이라도 엄마가 열고 들어올 것만 같은 저 익숙한 방문 때문이기도 했다.

조지아의 그녀 덕에 한국에 있는 보고 싶은 그녀와 전화를 한 통 하고 나면 어느덧 해가 저물고 있다. 내 방 커튼을 걷으면 보이는, 태어나서 본 산 중에 가장 큰 산을 이 작은 두 눈 앞에 두고는, 캐티노가 담근 보랏빛 하우스 와인을 마시기 시작한다. 와인 한 모금, 카즈베기의 풍경 한 모금. 와인에 취하는 건지 카즈베기에 취하는 건지 모르겠지만, 어쨌든 좋다. 씁쓸하던 오늘의 오후가 와인 한 잔에 조금씩 따사로워지기 시작한다.

2. 밤 11시

카즈베기는 밤이 되면 더 아름다워진다. 별똥별이 마구 떨어지고 머리 위로 펼쳐진 은하수가 나 좀 보라며 더욱 손짓하기 시작한다. 사진 찍는 기술은 없지만 그저 이 순간을 오래도록 기억하고 싶었기에 무작정 셔터만 눌러댔다. 이날 찍은 대부분의 사진은 실패했지만 그래도 괜찮다.

모든 것이 흔들린다 해도 이 순간만은 흔들리지 않을 것을 잘 알고 있기 때문에. 흔들리지 않고 오래도록 머릿속에서 옅어지지 않을 그런 느린 잔상이라는 것을 잘 알기 때문에.

3. 새벽 6시 40분

이건 비밀인데, 카즈베기는 새벽이 되면 더 아름다워진다. 어둠이 온 세상을 지배한 것만 같은 이 마을 제일 높은 곳에 금빛 물결이 드리우기 시작하면 모든 것이 하나둘 제자리를 찾아간다. 내가 잠든 모든 세상은 어두운 줄만 알았는데, 저 산봉우리는 어찌 홀로 저리도 빛나고 있을까. 서서히 세상이 밝아오니 모든 것이 제 색을 띠기 시작했다. 어제가 되어 버린 오늘이 물러나고 또 다른 오늘이 시작됨을 알린다. 이내 닭이 울고 그제야 나도 기지개를 편다.

정말로 카즈베기는 24시간이 아름다웠다.
낯설지만 어딘가 친숙하고, 외롭지만 왠지 모르게 풍족한.
이른 겨울의 황량한 아름다움이었기에 더 깊이 와 닿은 걸까.
내 발바닥을 감싸는 이른 새벽 공기가 무척이나 그리운 밤.
카즈베기, 그 보고 싶을 밤.

엄마, 나 배고파

여행 중에 먹고 싶은 한국 음식이 무엇이었냐고 물어본다면 이 페이지를 30분 내내 채울 수도 있을 것 같다.

허나, 무슨 음식이 가장 먹고 싶었냐고 묻는다면 '우리 엄마표 된장찌개와 가지나물' 그거면 된다고 대답할 것이다. 작은 상 위에 차려진 정갈한 밥과 된장찌개, 그리고 내가 제일 좋아하는 가지나물. 엄마와 함께 먹어도 좋고, 더운 여름날 뜨뜻한 바람을 만끽하며 TV를 보면서 먹어도 좋은 엄마표 밥상. 그거면 된다고.

비단 그 맛이 그리워서만은 아니다. 그냥 엄마가 보고 싶어서 그런 것 같기도 하고, 엄마와 둘이 마주 앉아 밥을 먹던 그날의 느린 오후가 그리워서이기도 하고.

여행을 하다 보면 늘 그렇다. 평범했던 지난날 한국에서의 일상이 문득 찐하게 그리울 때가 있다. 그리곤 그 소중함을 마구 느끼게 되는 그런 날이 있다. 시간이 지나도 미소 지으며 그리워할 수 있는, 보고 싶어 할 수 있는, 아무것도 아니지만 참 감사한 날들. 하루고 이틀이고 어느 하나 소중하지 않을 수 없는 그런 오늘들.

그러니 한국에 가면 엄마에게 꼭 말해줘야겠다.

어느 가수의 노래 가사처럼, 나도 엄마의 된장찌개가 너무 그리웠다고. 엄마가 끓여준 방아 많이 넣은 된장찌개가 너무 먹고 싶었다고. 이제 좀 컸으니 땡초 넣어도 잘 먹을 수 있다고. 왜 이렇게 맵게 했냐며 투정 부리지 않을 거라고.

그리고 나, 엄마 음식을 아침마다 먹을 수 있어서 정말 고맙다고.

항상 소녀처럼 살아야지

비가 추적추적 내리는 날, 친구네 옥탑방에 누워 눈을 감고는 상상의 나래를 펼친다.

돈을 많이 벌어서 좋은 좌석의 비행기를 타고, 타히티의 한 고급 리조트 풀장에 누워 맥주 한 잔을 시키고는 이내 웃으며 다가오는 웨이터에게 쿨하게 팁을 주는 그런 나를 그린다. 분위기 좋은 레스토랑에 들어가 가격순이 아닌 내가 먹고 싶은 메뉴를 고르는 호사도 누려보고 싶다. 수영을 끝내고 내 키보다 더 큰 수건을 몸에 두르고는 따뜻한 온수가 기다리는 스위트룸으로 들어가고 싶다. 그리곤 새하얀 가운과 헤어밴드를 대충한 듯 심혈을 기울여 묶고선 조명이 좋은 거울 아래서 씻기 전 사진이라며 괜히 예쁜 척도 해보겠지.

감탄도 하기 전에 상상은 금방 꺼진다. 왜? 아무리 생각해도 상상 속 나는 어울리지가 않기 때문이다. 고급 리조트에 좋은 호텔에 팁이라니. 어색하고 또 어색하다.

그래. 좋은 곳도 멋진 곳도 비싼 곳도 가보고 싶지만, 아무리 생각해도 난 지금이 좋다. 18살, 순수한 영혼을 가진 그때 그 아이 같은 모습을 잃지 않은 지금의 내 모습이 좋다.

잊어버리지 않고, 잃어버리지 않고, 그때의 내 꿈을.

도미토리 3층 침대 가운데 누워 솜이 가득 찬 때 탄 이불을 목 아래까지 가지런히 덮고는, 위 침대 친구의 이어폰에서 새어나오는 노랫소리에 눈을 감고 1층 침대 친구의 코고는 소리에 발맞춰 그날의 밤을 마무리하는 것이 더 좋으니까. 좋은 향수 냄새보다는 하루가 고스란히 묻은 룸메이트들의 땀 냄새가 더 좋으니까.

그렇게 나는 너무나 당연하지만 언젠가 당연하지 않을 오늘을 살아가고 있다. 옥탑방, 그리고 옥탑방과 마주한 저 옥탑방 사이로 비가 내리는 소리에 박자를 맞춰 노래를 들어야지. 좋아하는 작가의 책을 읽고, 또 가까운 곳으로 여행도 떠나면서, 그렇게 봄이 오길 기다려야지.

언제나 나, 그렇게 소녀처럼 살아야지.

쉬어야죠

뜨거운 태양 아래 걷다 지쳐 넘어지면, 잠시 쉬어가요.
내게 기대 쉬어가요.

한 숨 두 숨, 조금씩 숨을 고르다보면
지독히도 내리쬐는 뜨거운 태양 아래
조금씩 사막바람이 불어올 거예요.
그 바람이 당신을 행복하게 만들어줄 거예요.

그럼 우리는 그 자그마한 바람의 손을 잡고 다시 일어나
태양을 등지고 앞으로 걸어갈 수 있어요.

난 그렇게 그렇게, 당신에게 천천히 불어오는 바람이 될 거예요.
내 존재로 당신을 일으킬 수 있는 그런 사람이 될 거예요.

그러니 당신
걷다 지쳐 넘어지면, 잠시 쉬어가요.
내게 기대 쉬어가요.

우리들의 존재

○ 🎧 엘리 굴딩_ *How Long Will I Love You*

한없이 수줍게, 어색한 이 모습이 어여쁘도록.

존재 자체만으로 아름답다고 이야기해주는 사랑이 있어서

더욱 빛이 났던가.

개인의 존재는 참으로 고귀한 것이니,

우리들의 하루는 더없이 찬란하여라.

당신도 그럴까

도서관의 오래된 책 냄새를 좋아한다.
세상 사람들의 모든 눈물과 웃음이 모여 있는 곳.
사람들의 인생이 담긴 공기들이 내 머리 위로 떠다니고
그들의 땀이 나를 풍부하게 만들어주는 그곳.

내가 좋아하는 에세이를 한가득 안고 돌아와
머리를 높게 묶고 후다닥 손을 씻고선 그대로 침대에 누웠다.
그리곤 책을 읽어 내려간다.
창문을 두드리는 빗소리를 음악 삼아, 책을 연인 삼아.

이 시간이 너무 좋다.
좋아하는 것을 오롯이, 아무 걱정 없이 할 수 있는 이 시간이.

당신도 그러고 있을까.
지금, 이 책을 보는 당신도 그러고 있을까.

웃기도 울기도 또 위로받기도 하면서.

나는 당신에게 모든 것을 잘했다고 말해줄 순 없지만
모든 것이 잘될 거라곤 말해줄 수 있다.
나는 당신의 모든 것을 눈감아줄 순 없지만
슬픈 당신의 오늘을 안아줄 수는 있다.
그렇게 우리는 멀리 있으나 이 종이 한 장으로 가까워질 수가 있다.

지금, 우리는 같은 공간을 달리고 있을까.

행운의 발찌

○ 🎧 제시 제이_ *Flashlight*

며칠 전 보라카이에서 발찌가 끊어졌다. 태국 방콕에서부터 필리핀 보라카이까지. 대략 400일쯤 됐으려나.

바야흐로 때는 2015년 1월, 새로움을 찾으려고 떠난 동남아에서였다. 언젠가 지구 위에서 꼭 만나자 약속했던 또 다른 세계여행자 동생 수현을 만나려 했지만 사정상 만날 수 없었기에 그녀는 내게 아쉬움을 달랠 선물을 맡겨 놓고 가겠다고 했다. 마치 보석상자를 열러 가는 것처럼 발걸음이 신이 났다.

그렇게 찾아간 방콕의 한 게스트 하우스. 수현의 지인이라는 언니는 내게 여러 개의 발찌가 든 봉투를 건네주며 마음에 드는 것을 고르라고 했다. 그녀가 여행하면서 만들었다는 이 소중한 물건은 투박하지만 어딘가 오래된 이야기가 묻어 있는 듯했다. 만나지도 못한 그녀의 샴푸 향이 느껴지는 것도 같았다. 나름의 심도 있는 고민 끝에 고른 발찌는 제일 좋아하는 노란색이 들어 있는 발찌.

샛노란 발찌를 발목에 두르고 질끈 묶었다. 혹여나 풀어질세라 한 번 더 질끈. 그렇게 나와 이 발찌의 질긴 인연이 시작된 것이다.

이후 우리는 함께 세계를 여행했다. 샤워를 할 때에도, 잠을 잘 때에도, 흙먼지가 가득한 도로를 걸을 때에도, 그리고 다시 샤워를 하는 그 순간에도. 이 노란 발찌는 샛노란 색에서 때 묻은 짙은 유자색이 될 때까지 약 400여 일간을 나와 동고동락했다(지저분하게 들릴 수 있지만 매일 샤워했으므로 괜찮다. 짐작컨대 비누 향이 났을 것이다).

그런데 여행 중 누가 내 발찌를 보더니 그러더라. 이 발찌는 소원 발찌라 소원이 이뤄지는 순간 끊어져버린다고. 우스갯소리라 생각했기에 "에이, 그런 게 어딨어" 하며 웃어넘겼지만, 그래도 혹여 이 발찌가 끊어지는 순간 내가 어떤 소원을 이루게 됐을지 내심 궁금하기도 했다.

그렇게 우리가 함께한 지 오랜 시간이 지난 어느 날, 나는 필리핀 보라카이에 있었다. 뜨거운 보라카이의 해 질 녘을 가슴에 담고 숙소로 돌아왔는데 문득 발목이 허전했다. 발찌가 없어진 것이다.

뭘까, 이 까닭 모를 아쉬움은. 무슨 소원을 이뤘기에 발찌가 끊어진 것일까. 어쩌면 이유 없이 끊어졌을지도, 또는 너무 오래돼서 이만 우리 헤어지자며 떨어져 나갔을지도 모른다.

끊어질 시간이 다 되었기에 운명처럼 끊어져 나갔겠거니 생각했으나, 시간이 흐르고 다시 돌이켜보니 소원이 이뤄진 것이 맞았다. 생각해보면 나는 언제나 변함없는 소원을 이야기했다. 새해가 밝을 때도, 생일 촛불을 불 때도.

'행복하게 해주세요. 웃고 살 수 있게 해주세요.'

어쩌면 그 발찌는 진짜 소원을 이뤄주는 발찌였겠다.
발찌가 끊어졌던 그날의 나는
더없이 행복한 하루를 보내고 있었으므로.
좋아하는 것을 하며 사는 내 삶을 더없이 사랑하고 있었으므로.

스파이더 하우스

○ 🎧 바비 레이_*Airplanes*

오랜만이다, 이 느낌. 정말 그리웠다. 너무 너무 간절했다. 나는 지금 바다 짠 내와 갓 구운 피자 냄새가 반쯤 섞여 있는 이 공간에서 적어도 백 명은 족히 누웠을 법한 찐득한 쿠션에 누워 있다. 감각적인 히피 스타일의 노래는 자꾸만 나를 쿵쾅거리게 하고, 목소리가 매력적인 레이디 보이가 가져다주는 술은 또 왜 이렇게 맛있는 건지. 술에 취한 건지 분위기에 취한 건지 모르는 나에게 불어오는 달짝지근한 여름 바람. 저 수평선은 어찌 저리 아름다울까.

대체 왜 이렇게 분위기가 완벽한 거야. 나도 모르게 너무나 고됐던 오늘을 용서한다. 그리곤 기도한다. 제발 시간이 느리게 가게 해달라고. 멈추는 것까진 바라지 않아도, 내가 이 시간을 진짜로 품을 수 있게 조금만 천천히 가게 해달라고.

그렇게 보라카이의 오늘이 저문다.

다음엔 함께

우리는 여행 중에 만났다.

너는 체코에서, 나는 그리스에서.

서로 다른 방식으로 즐거운 방랑을 하고 있을 때에.

내가 사랑했던 부다페스트의 밤에 네가 있었고

내가 앉아 있던 에펠탑 앞에서 너는 와인을 마셨고

공기 위를 표류하던 카즈베기의 새벽을 너도 나도 느꼈으니

다른 시간 다른 계절,

허나 우린 같은 곳에 있었던 것이다.

내가 가장 빛나는 순간

1.

여행을 하며 가장 크게 알게 된 사실 중 하나는
내 웃는 모습이 참 예쁘다는 것이다.

2.

한 인터뷰 중, 내 이야기를 들으시던 기자님이 말씀하셨다.

*"유리씨, 진짜 여행 좋아하나 봐요. 정말 좋아하는 것 같아요.
여행하는 사람 중 제일요."*

아아, 잠시 내 존재의 소중함을 잊고 있었다.
내가 정말 세상에서 가장 행복한 표정을 하고 있구나.
여행 이야기를 할 때에, 내가 좋아하는 것을 하며 살아갈 때에.
오늘, 난 참 예뻤겠구나.

东
667
永嘉路
西
705
E
Yongjia Rd.
W
667
云综

진짜 중요한 것

나의 기록된 여행들이 마냥 즐거운 것만은 아니었다. 열심히 꿈꿔오던 과거의 내 염원만큼 달콤한 것도 아니었다. 사무치게 외롭기도, 궁상맞게 배가 고프기도, 좋은 날씨에 길을 걸어도 더 이상 가슴이 뛰지 않기도 했다. 그렇게 여행이 일상이 되고, 일상이었던 내 하루들이 끔찍하게 그리운 순간들도 정말이지, 많았다.

하지만 지쳐 숨을 헐떡대던 그 길 위에서도
이 여행을 포기하지 않았던 이유는 단 하나.

나는 꿈을 이루고 있었으므로. 그러니까, "어른이 되면 정말 많은 나라를 가볼 거야" 하며 다짐했던 18살 어린아이의 철없고 순수했던 꿈을 정말로 이뤄내고 있었으므로.

단지 그것만으로 충분하다. 꿈을 이루는 과정에서 나는 꿈을 이룬 짜릿함보다도 더 소중한 것을 많이 배웠으니까. 여행에는 떠나는 것

에 대한 용기뿐만 아니라 머무르는 것에 대한 용기 그리고 다시 돌
아오는 것에 대한 용기 또한 중요하다는 것도 말이다.

나의 앞길이 어떠하다 자신 있게 소리칠 수는 없지만 길 위에서 웃
고 울고 나는 다시 행복해했으니, 그 끝에 달콤한 열매가 열려 있지
않아도 괜찮다.

이미 나는 내 마음에 제일 좋아하는 나무를 심었으니까.
열매가 나지 않아도, 나무를 심는 하루하루가 소중했으니까.

돌아가는 길, 오후 다섯 시 반

KTX보다 무궁화호가 좋다.
조용한 것보다 덜컹거리는 것이 좋다.
편히 앉아 가는 것보다 부대끼는 것이 좋다.

누군가는 잠을 청하고, 누군가는 휴대폰을 보고,
누군가는 책을 읽어 내려간다.
벗어둔 신발이 가만있지 못할 만큼 흔들리는 이 3호차의 덜컹거림이
아무렇지도 않은 듯이.

두 개로 나뉘어 있는 작은 손때 묻은 창문 너머로
오래된 간이역이 지나가고
오늘도 여전히 불청객이라 불리는 황사가
내 시야를 뿌옇게 만들어 놓았지만
그래도 오늘은 말없이 흘러간다.
하루를 마무리하는 해가 인사를 하는 듯 옅은 붉음으로 손을 내민다.

나는 그렇게 돌아가고 있다.
언제나 돌아가는 길은 모든 것이 미련 없이 아름다웠다.
언제나 오후였고 언제나 고요했다.
마치 아무것도 움직이지 않는 것처럼.
마치 모든 것이 멈춰버린 것처럼.

오후 6시의 무궁화호.
낡은 기차 냄새가 이리도 담백한 것이었던가.
약속이라도 한 듯 고개를 모두 오른쪽으로 기대어 잠이 든
내 옆 어린 남자아이들은 이 냄새를 알까.
과연 어떤 꿈을 꾸고 있을까.

그렇게 나는 돌아가고 있다.

metro

동생에게

그날 밤 우리의 머리 위엔 수만 개의 별들이 떠 있었어. 그리고 우린 고갤 들어 연신 감탄사만을 외쳤잖아.

오늘은 조금 추웠으면 좋겠어. 차가운 공기를 맡으면, 그때로 돌아갈 수 있을까 하는 마음에 말이야. 벌에 쏘여 발이 세 배로 부풀어 올라 그 추운 겨울에도 슬리퍼를 신고 다니던 네가 문득 보고 싶어서. 힘든 여정에도 울상 한 번 짓지 않았던 어린 네가 고마워서. 그 황량한 카즈베기의 새벽에 떠오른 황금빛 봉우리가, 그리고 그날 마셨던 와인이 너무 그리워서. 추운 공기가 나를 감싼다면, 그때의 우리로 돌아갈 수 있지 않을까 싶어서.

사랑하는 동생아. 우리 그날 밤처럼 살아가자. 가끔은 밉고 서로에게 불만이 생기더라도, 그날 밤 우리 함께 하늘을 올려다보며 느꼈던 그날의 감정처럼, 추위마저 녹여버렸던 애틋했던 우리처럼, 그렇게 살아가자.

행복해지는 방법

○ 🎧 잉그리드 마이클슨_ *Over You*

샤워 후 드라이기로 머리를 반쯤 말리고는, 아직 물기에 젖어 있는 남은 머리는 자연풍으로 말라 가게 놓아둔다. 감정 없는 머리카락에게도 사월의 바람이 얼마나 선선한지 알려줄 수 있게. 그리곤 블루투스를 켜 제일 좋아하는 노래를 하나 선곡한다. 언제나 그렇듯 단연 'Over You'.

12시가 살짝 넘어가는, 아주 늦지도 빠르지도 않은 시간. 오늘과 내일이 공존하고, 어제와 오늘이 공존하는 그런 복잡 미묘한 시간. 소리 없는 박자의 움직임이 요란한 이 시간에 내 마음을 가벼이 음악에 내려놓고 모든 걸 풀어낸다. 잠시 눈을 감았다가 다시 눈을 떴다가. 그렇게 한참을 노래 위를 걷다보면 기분 좋은 전화 한 통이 걸려온다. 나만큼 오늘을 열심히 살아온 너의 전화. 목소리를 들어서일까. 오늘의 노고가 다 녹아버리는 것만 같다. 늘 똑같은, 그러나 절대 지루하지 않은 한결같음의 형태를 가진 끝인사를 나누고 나면 비로소 오늘 하루도 무사히 지나갔구나 싶다.

숨을 한 번 들이쉬고, 또 크게 한 번 내쉬어본다. 오늘 하루도 수고했다는 안도감의 들숨과, 벌써 사월의 반이 흘렀구나 하는 날숨도 한 스푼 담아.

오늘 내 생에서 가장 젊은 날을 보냈으니, 항상 오늘에 감사하고 매일을 배워가며 그렇게 살아가리라 다짐해본다. 그러다 보면 달콤한 밤의 살랑임이 코를 간질이고, 이내 잠에 들어 새로운 오늘을 맞이할 것이다.

오늘 내 얼굴만 한 커다란 달이 떴고 그 달을 보며 나 한참을 행복해했으니 이 얼마나 달콤한 밤인가.

자기 전에 아무런 걱정이 없다는 말은, 오늘 하루도 행복했다는 말이다.

베개에 누우면 비로소 그때를 알 수 있다

돌아왔다.

모든 것이 현실보다 더 현실 같았던 그곳에서의 시간을 지내고, 돌이켜보니 모든 것이 꿈만 같은 시간이 흘렀다.

한국으로 돌아오는 비행기에서 '나 정말 자유로운 영혼이 되었구나. 앞으로 이렇게 살아가야지. 이런 삶만 살아가야지!' 생각했다. 참 뭣 없이 순수하고 진득한 마음이다. 귀엽게도 그 마음 두 손에 꽉 쥐고 한국에 왔건만, "내 그리운 베개야. 잘 있었니!" 크게 소리칠 새도 없이 모든 것을 정리해야만 했다. 참으로 그립고 또 그리웠던 엄마표 가지나물에 찰진 흰 밥 두 공기 뚝딱 하고 나니 어느새 난 여행을 떠나기 전 원유리로 돌아가 있었다.

오랜만에 수압이 센 샤워기에서 흘러나오는 뜨끈한 물로 방랑의 노고를 씻어내고, 그 무엇보다 포근한 우리 집 향이 잔뜩 배어 있는 이

불 위에 누웠다. 그리고 오랫동안 외로웠을 내 블루투스를 연결하고선 바로 어젯밤 두바이 부르즈칼리파 앞에서 들었던 똑같은 노래를 재생했다.

"아, 집이구나. 나 돌아왔구나."

익숙한 듯 익숙하지 않은 이 시간. 불편한 듯 말도 안 되게 편한 내 베개 위. 그리고 들숨, 또 한 번의 날숨 쉬고 나니

아, 이 밤이 이상하다.

첫 비행기를 타던 날 기장님이 세상 제일 멋있다 생각했던 어린 내 마음이, 귀가 들리지 않아 내 인생 끝나는 것 아닌가 콧물 흘려대며 울었던 그날 밤이, 지갑이 없어져 내 심장도 함께 없어지는 것만 같았던 할슈타트에서의 오후가, 두브로브니크 올드타운을 안고 있는

스르지산 정상에서 맞았던 10월의 바람이, 부다페스트의 밤은 어찌 이리도 황홀하냐며 홀로 눈물을 감추던 엄마의 뒷모습이, 세상이 모두 노란색으로 물들어 갔던 이 여정의 마지막, 두바이에서의 그 노을까지.

모든 것이 내 뇌를 스쳐갔다. 모든 것이 나를 흔들었다. 좋았던 기억은 더 좋게, 아팠던 추억은 더 감사하게, 황홀했던 바람은 더 살랑이게. 모든 것이 나를 흔들어갔다.

상자 속에 고이 담아뒀던 노트북을 꺼냈다. 수북하게도 쌓인 먼지, 머리를 말렸던 수건으로 한 번 닦아내니 왜 이제야 왔냐며 반짝반짝 광을 내며 나를 반기는 것만 같다. 충전기를 연결하고 전원을 켰더니 미처 끄지 않은, 여행을 떠나기 전 버스를 예약했던 창이 그대로 떠 있다.

느낌이 묘하다. 여행을 하는 동안 시간이 참 빠르다 생각했는데, 방 안에서 나를 기다리는 내 모든 것들을 보니 이만큼 긴 시간이 또 어디 있을까 싶다.

꿈이 아니라 현실이었던 그 순간의 기억들이 모두 과거가 되어 마치 오랜 꿈을 꾼 듯 예쁜 기억으로 자리 잡았고, 이제 다시 꿈을 이루기 위해 힘내서 살아가야만 한다 생각하니 뭔가 이상한 느낌이 든다. 이 보드랍고 따뜻한 이불 속이 참 좋지만 못내 아쉽다. 발이 시려 매일 같이 똑같은 양말을 신고 잠들어도, 마르지 않은 긴 머리가 내 베개를 다 젖게 해도, 누군가 피로에 젖어 코를 마구 골아대도, 그럴지라도.

다시 마주할 수 없는 오늘을 내려놓은 모든 여행자들의 추억이 잠든 그 시간, 그 복작한 도미토리의 새벽이 너무나도 그립다.

괜찮다, 내 여행은 언제나 그렇듯 끝나지 않았으니까. 언젠가 또다시 떠나갈 나는 잠시 이곳에서 여행을 하며 살아가도록 한다. 나를 많이 사랑하고, 많이 아껴주고 또 많이 웃으면서. '수고했다' 내 스스로에게 달콤한 말을 던져주고 싶다. 그리고 한 치의 거짓말도 없이 나 정말 행복했었다 말해주고 싶다.

눈꺼풀이 무거워진다. 이대로 잠에 들어 내일 아침 눈을 뜨면 나는 또 어디론가 정처 없이 흘러가야만 하는 방랑자의 신분으로 돌아가 있을 것만 같다. 못내 슬픈 이 공허함을 내 자리에서 또 무언가의 꿈으로 채워 나가야겠지. 공허하지만, 공허하지 않은 듯이.

그래, 잠에 들자.
모든 건 내일 생각하자.

수고했다. 나의 지난날들.

ARRÊT AUTORISÉ
POUR LIVRAISONS
9H30 À 7H30
ET DE 9H30 À 16H30

매번 여행을 오갈 때마다 공항 앞에는, 버스 정류장 앞에는,
베란다 문 앞에는 엄마가 있었어요. 짧은 파마머리에 네모난 안경을
쓰고, 눈가에는 주름이 많은 엄마. 그저 손으로 안녕, 부디 조심히
잘 다녀오라는 그 눈빛과 함께 말이에요. 어렸을 적부터 늘 못난 딸
믿어주고 응원해준 우리 엄마에게, 드디어 효도할 날이 왔어요.
엄마. 영숙씨! 많이 고맙고 사랑해요(물론 아빠도요!).

___

어제 새벽 5시, 엄마는 새근새근 잠든 내 모습이 참 예쁘다고 했지. 내가 잠
들기 전 새벽 4시, 자신이 잠에 빠져든 모습은 얼마나 더 예쁜지 모르면서.
내일이면 떠나갈 엄마의 향기가 벌써부터 나를 휘감는다. 엄마, 난 그저 따
뜻한 당신의 품이 좋아요. 정말 좋아요.

스무 살이 된 이후, 아니 사실 내 기억 속 엄마가 처음 날 안아준 날. 느낌
이 묘했다. 엄마와 나도 서로 사랑을 전할 수 있는 사이란 걸 까맣게 잊고 있
었다. 못난 딸, 그걸 이제야 알았다. 엄마를 조금 더 좋아하는 나이인가 봐,
스물여섯은.

그녀의 주름이 좋아졌다. 하루는 엄마가 쭈뼛쭈뼛 아이라이너를 들고 와 엄마도 너희처럼 눈 화장 한 번 해보자 하신다. '엄마도 역시 여자구나!' 하면서 눈에 아이라인을 그리는데, 잘 그려지지가 않는다. 분명 비싼 아이라이너인데, 고장 날 이유가 하나 없는데 말이다.

오랜 시간 깊어져 온 엄마의 주름 때문이었다. 뻣뻣한 주름에 선을 계속 긋는데 그려지지가 않는다. 자꾸만 눈물이 나올 것 같아 "엄마 완전 예쁘다!" 하며 서둘러 화장을 끝내버렸다. 아마 나도 저 주름을 깊게 하는 데 한몫했을 것 같아 마음이 아려왔다.

이후 난 엄마의 그냥 그대로가 좋아졌다. 엄마의 주름은 내가 이리도 잘 살고 있는 이유일 텐데, 이제 내가 호강시켜 드려야겠다. 보톡스 말고 여행으로, 엄마의 미간 주름을 펴드려야겠다.

엄마는 단 한 번도 기차를 지겨워한 적이 없었다. 배낭과 함께 축 처져 '시간
아 흘러라' 하며 노래를 부르고 있는 나와는 달리 엄마는 이 시간이 어떻게 흐
르던 창밖을 바라보고, 김광석의 노래를 듣고, 일기를 쓰곤 하셨다.

우린 이 날 꽤 걸었다. 엄마는 숙소에 오자마자 씻지도 않고 잠에 드셨는데, 그 모습이 어찌나 소녀 같고 예쁘던지. 아아, 엄마야. 오늘 우리가 바라본 플리트비체의 물고기처럼 자유로운 꿈을 꾸셔요.

짧은 여행 이후, 엄마는 집에 돌아온 후에도 내내 같은 말을 하셨다. "그 부다페스트의 밤, 진짜 좋았는데 유리야. 진짜 좋았는데…." 늘 어두운 과거와 슬픈 청춘에 목메어 하던 엄마에게 처음으로 보고 싶은 과거가, 떠올리면 아스라이 행복이 번지는 추억이 생긴 것이다. 엄마에게 보고 싶을 지난날들을 많이 만들어주고 싶다. 생각만 해도 웃음이 나는, 아무것도 아닌 것에도 행복해했던 어제를 떠올리며 오늘이 더 행복할 수 있도록.

엄마, 우리는 다시 여행을 할 거야. 나는 또다시 엄마와 함께 하늘을 올려다
보고, 그 속에서 바람을 맡고, 우리 서로의 목소리를 들으며 행복해할 거야.
온전한 엄마라는 존재에 대해서 감사해할 거야. 참 이상하지. 그땐 몰랐는데
지금은 너무나 그리워. 우리의 그 소녀 같은 웃음이, 물을 마시지 못해도 가
슴 떨리는 풍경에 갈증을 해소했던 그날들이 말이야. 엄마, 그러니 끝까지 함
께해줘요. 오래도록 우리 같이 여행하는 마음으로 살아가요.

봄은 내 안에 있었다.

10학번, 26살 그리고 복학생.

오랜 여행을 끝내고 돌아온 내게 붙은 수식어들이었다. 5살이 적은 룸메이트와 함께 방을 썼고, 6살이 적은 아이들과 함께 수업을 들었다.

변한 건 없었다. 봄이 되면 초록 내음이 교정을 가득 메우고, 여름이 오면 시험의 열기로 도서관은 더 뜨거워졌으며, 가을에는 학생들의 표정이 조금 더 여유로워졌다. 그런 작은 감정까지도 달라진 건 없었다. 스물여섯의 난 다시 수업을 듣고, 조별과제를 하고, 중간고사 한 문제에 울고 웃는 그런 평범한 학생으로 돌아갔다.

떠나기 전, 세상에서 가장 큰 고민이었던 것들도 들어맞았다. 친구들은 모두 졸업을 했고 직장인이 되었으며 나는 홀로 학교 교정을 걸었다.

허나 하나 달라진 게 있다면, 세상에서 가장 두려운 고민이었던 그 것들이 정작 돌아오고 나니 큰 문제가 되지 않는다는 것이었다.

세상이 변하지 않았다 한들, 나의 세상에 단단한 마음의 힘이 생긴 덕일까. 내가 너무 늦어버리는 건 아닐까 하고 수없이 뜬눈으로 지새운 밤의 고민들이 돌아오고 나니 마음을 아프게 하지 않을 만큼의 작은 별들로 흩뿌려져 있었다. 현재에 충실하고 조금 더 작은 것들에 감사하며 내 곁에 당연히 머물러 있는 것들이 더 소중해졌기에.

고작 800만 원을 가지고 아무도 없는 아일랜드로 몸을 던졌을 때, 처절하게 외로웠고 궁상맞게 콧물 흘리며 걸어왔던 수만km의 길 위에서, 왜 이 힘든 걸 택했을까 스스로에게 의문을 던지고 답을 하는 수천 시간 동안의 나와의 대화 속에서,

내 눈앞에 펼쳐진 별과 바다를 보고
내 귀에 속삭이는 바람들의 웃음소릴 듣고
내 코로 스며든 낯선 밤의 냄새에 설레 하며
그렇게 오롯이 나 자신에게 집중하면서 알았다.

이게 행복인 건가. 이게 행복이라면 나 행복만 하면서 살고 싶다고.

이렇게 살아도 되겠구나 싶고 '한 번 사는 거 뭐 이렇게 살면 어때?' 합리화를 불어넣기도 하면서. 거짓말 같은 꿈을 꾸고 있는 어린 소녀처럼, 평생 동화 속에만 살 것 같은 예쁘장한 강아지처럼. 그렇게도 찾아 헤매던 행복이라는 놈은 먼 길의 끝이 아닌, 지금 내가 서 있는 이 길 위에 존재했음을 곱씹으면서.

여행은 그런 것이었다. 아주 거창하고 멋있는 일이 아니라 그저 내 마음에 단단한 힘이 생기게 해주는 것. 삶에 또 다른 이유를 만들어주고 그 이유에 타당성을 부여하는 그런 것. 날개가 없이도 세상을 날아다닐 수 있을 것만 같은 묘한 에너지를 내뿜는 것들.

정답이 정해져 있을 것만 같던 삶이었지만 살다 보니 객관식이 아니었다. 모범 답안이 정해져 있는 논술형도 아니었다. 그렇기에 모든 이에게 여행이 정답인 것만도 아니었다. 그냥 자신이 쓰는 대로, 본인이 만족하면 그만인 그런 자유형식의 수필과도 같은 것들이었다. 걷다 보면 또 다른 방향이 나오고, 그 기회를 잡고 더 나아가는 우리는 그렇게 셀 수 없이 다양하게 펼쳐져 있는 길 위에 있는 사람들이었다.

안개가 걷히지 않았을 뿐, 저 안개 뒤에는 찬란한 길들이 펼쳐져 있

으리라. 우리는 상자 밖으로 걸어 나와 부단히 걸으면 되는 것. 언젠
가 안개가 걷히고, 우리는 새싹이 피어나는 꽃길을 걷고 있을 테니.

오늘도, 그대들이여.
행복만 하시면 좋겠다.

자신의 색을 잃지 않고서 찬란히 빛이 나면 좋겠다. 묵묵히 써 내려
간 이 글이 그대들의 여행길에, 그리고 그대들의 삶에 한 줄기 햇살
이었으면 좋겠다. 기분이 텁텁해질 때마다 꺼내 먹을 수 있는 달콤
한 사탕 같은 것이었으면 좋겠다. 숨겨 놓았다가 다시 꺼내 먹는 상
상만으로도 기분이 좋아지는, 나는 오늘 저녁 당신을 웃게 만드는
책이고 싶다.

2016년 9월
청춘유리

Crno jezero

DOMUS HENRICI
HOTEL

2H
ENVIRO 400
BUS DRIVER
JOB OPPORTUNITIES
SN12 ACU

오늘은 이 바람만 느껴줘

—

초판 1쇄   2016년 9월 22일
초판 7쇄   2020년 6월 20일

글과 사진   청춘유리

발행인   유철상
기획   황유라
편집   이정은, 남영란, 이현주, 정예슬
디자인   주인지, 조연경, 최윤정
마케팅   조종삼, 윤소담

펴낸 곳   상상출판
주소   서울시 동대문구 정릉천동로 58, 103동 206호(용두동, 롯데캐슬피렌체)
문의   **전화** 02-963-9891 **팩스** 02-963-9892 **이메일** sangsang9892@gmail.com
등록   2009년 9월 22일(제305-2010-02호)
찍은 곳   다라니
종이   ㈜월드페이퍼

• 가격은 뒤표지에 있습니다.

ISBN 979-11-86517-92-5(13980)
© 2016 청춘유리

---

www.esangsang.co.kr

돌아가고 싶다.

낯선 공기의 밀도가 잔뜩 들어찬 그곳으로 돌아가고 싶다.

24인실 도미토리에서 눈을 뜨고,

뜨거운 물이 나오지 않아 머리를 며칠씩이나 감지 못해도,

밤하늘만 봐도 웃음이 나오는 그런

의도된 불편함이 가득 찬 그곳으로.